工业和信息化部"十四五"规划教材　　　　　　工业和信息化精品系列教材

U0233598

Information Technology

信息技术
基础模块

深圳信息职业技术学院软件（人工智能）学院 ◉ 编

人民邮电出版社
北　京

图书在版编目（CIP）数据

信息技术：基础模块 / 深圳信息职业技术学院软件（人工智能）学院编. -- 北京：人民邮电出版社，2024.8

工业和信息化精品系列教材

ISBN 978-7-115-57591-3

Ⅰ. ①信… Ⅱ. ①深… Ⅲ. ①电子计算机－教材 Ⅳ. ①TP3

中国版本图书馆 CIP 数据核字(2021)第 217208 号

内 容 提 要

本书全面、系统地介绍了信息技术的基础知识，共 6 个模块，分别讲解操作与应用 Word 2016、操作与应用 Excel 2016、操作与应用 PowerPoint 2016、信息检索、新一代信息技术概述、信息素养与社会责任等方面的内容。

本书是参考《高等职业教育专科信息技术课程标准（2021 年版）》的要求编写而成的。本书遵循学生认知和技能成长规律，以任务驱动案例教学，适应教学的多样性需求，可以满足先操作形成认知再进行知识讲解、理论实训一体、课程教学＋综合实训等多种教学需求。本书还配备了电子活页、视频等多种教学资源，可以帮助教师更好地开展教学活动。

本书可作为职业院校、计算机教育培训机构，以及全国计算机等级考试的参考教材，也可作为广大计算机爱好者的自学参考书。

◆ 编　　　　深圳信息职业技术学院软件（人工智能）学院

责任编辑　初美呈

责任印制　王　郁　焦志炜

◆ 人民邮电出版社出版发行　　北京市丰台区成寿寺路 11 号

邮编　100164　　电子邮件　315@ptpress.com.cn

网址　https://www.ptpress.com.cn

涿州市京南印刷厂印刷

◆ 开本：787×1092　1/16

印张：14　　　　　　　　　2024 年 8 月第 1 版

字数：403 千字　　　　　　2024 年 8 月河北第 1 次印刷

定价：49.80 元

读者服务热线：(010)81055256　印装质量热线：(010)81055316

反盗版热线：(010)81055315

广告经营许可证：京东市监广登字 20170147 号

前言

本书针对信息技术课程的教学目标，面向产业数字化高质量发展的需求，通过项目式教学引导学生使用信息化办公软件独立完成作品，提升学生综合应用信息技术解决问题的实践能力，增强学生在信息社会的适应力与创造力。本书全面贯彻党的二十大精神，以社会主义核心价值观为引领，介绍信息技术领域的前沿技术，培养学生成为德智体美劳全面发展的高素质技术技能人才，为建成教育强国、科技强国、人才强国、文化强国添砖加瓦。

本书结合高职院校首批"全国党建工作标杆院系"、首批国家级职业教育教师教学创新团队和国家"双高计划"重点建设软件技术专业群建设成果，通过与腾讯共建的"腾讯高等工程师学院"，对接职场需求和考证需求，在教学案例选取、教学项目设计、课程思政贯穿、技能训练强化、教学资源配备等方面不断创新，让教学过程有实效、有趣味、有生命力。本书特点如下。

1. 优选 1 种模式

本书采用"项目贯穿、分层递进、精细培养"的教学模式，紧跟产业新技术发展，以学生能够亲身体会的任务为载体，项目过程贯穿教学全过程，注重将课程思政与世界 500 强企业（腾讯、小米、华为、阿里巴巴等）提供的真实案例相结合。每个任务具有较强的可操作性、代表性和职业性。

2. 满足 2 种需求

本书围绕高等职业教育各专业对信息技术学科核心素养的培养需求，通过完整的知识梳理和系统的方法指导，进一步加强操作训练的规范化、职业化。同时满足学生通过全国计算机等级考试一级 MS Office、计算机技术与软件专业技术资格（水平）考试信息处理技术员等考试的需求和就业的需求。

3. 实现 3 个目标

本书帮助学生实现熟练掌握计算机基础知识和基本技能的目标，实现按要求快速完成规定操作任务的目标，实现遇到疑难问题时能根据所学知识与方法主动解决问题的目标。

4. 凸显 4 个亮点

本书遵循学生认知和技能成长规律，使用模块化项目讲解操作与应用 Word 2016、操作与应用 Excel 2016、操作与应用 Powerpoint 2016、信息检索、新一代信息技术概述、信息素养与社会责任等知识。本书注重教学方法和教学手段的创新，力求基本知识系统化、方法指导条理化、技能训练任务化、理论教学与实训指导一体化。

本书由深圳信息职业技术学院软件（人工智能）学院编。主编人员有王寅峰、阿里巴巴集团标准化业务副总裁朱红儒、小米集团技术委员会秘书长周珏嘉、李新、陆云帆、钟慧妍、李怒，其他参编人员有肖屹、宋晓清、王慕兰等。王寅峰负责本书的整体设计与修订，并具体负责模块四、模块五和模块六的编写；朱红儒负责书中涉及的标准化工作并参与模块五、模块六的编写；周珏嘉负责产业数字化人才技能培养的分析并参与模块五、模块六的编写；李新负责思政案例设计及其与项目的结合；陆云帆负责模块三的编写；钟慧妍负责模块一的编写；李怒负责模块二的编写；肖屹、宋晓清、王慕兰参与教材电子活页的修订、课程资源建设以及模块四、模块五和模块六的编写。由于编者水平有限，书中难免存在疏漏之处，敬请各位读者批评指正。

编者

2024 年 6 月

目录

模块三

操作与应用 PowerPoint 2016
——软实力铸造硬功夫 ……99

模块六

信息素养与社会责任——让规范成为习惯 ············· 199

模块一
操作与应用Word 2016——做行动派大学生

01

什么是行动力？行动力是指个体或团体在面对任务、目标或挑战时，能够积极主动地付诸行动的能力。它涉及积极性、克服拖延、自我管理、应对挫折等方面。作为新时代大学生，不仅要有学习、生活方面的行动力，还要有实现未来职业梦想所需要的创业、就业的行动力。为建设社会主义现代化强国，我们需要踔厉奋发创造事业新奇迹，勇毅前行打开发展新局面。Word 2016 提供了强大的文本编辑和排版功能，可以帮助各位同学在后续的学习、工作中快速适应文字处理工作，提高自己的学习效果和工作效率。

项目 1.1 文档基本编辑——Word 行动派的行动指南

成为行动派应当具有扎实的行动基础，通过本项目的学习，我们将掌握文档的基本编辑操作，主要包括文本的输入、文本格式设置、文本查找和替换、段落格式设置、打印预览和打印设置等，本项目将为大家提供行动指南。

1.1.1 任务：在 Word 2016 中输入奥林匹克口号

拼搏的奥运精神是行动力的最佳表现之一。新建文档，在文档中输入奥林匹克口号"更快、更高、更强——更团结"（英文："Faster, Higher, Stronger-Together"），将文档另存为 PDF 格式。

【任务描述】

本任务的主要内容是新建文档，在文档中输入奥林匹克口号文本内容。打开 Word 2016，完成以下操作。

（1）新建文档，选择一种合适的拼音输入法，然后输入奥林匹克口号。

（2）将文档另存为"中英文短句.pdf"，然后关闭该文档。

电子活页 1-1　　　视频 1-1

熟悉键盘布局、基准　　文档基本编辑
键位和手指分工

【示例演练】

本任务涉及键盘输入法的应用，在开始任务前，请查看电子活页中的内容，掌握键盘布局、熟悉基准键位和手指分工等基本操作。

【任务实现】

1. 新建 Word 文档并输入中英文短句

（1）启动"Word 2016"，单击"空白文档"选项，如图 1-1 所示。

电子活页 1-2

Word 文档的基本
操作

图 1-1　"空白文档"选项

（2）将输入法切换到搜狗拼音输入法，搜狗拼音输入法的工具栏如图 1-2 所示。

图 1-2　搜狗拼音输入法的工具栏

（3）在默认的文本插入点输入"更快更高"的全拼编码"gengkuaigenggao"，可以在输入提示框中看到"更快更高"为第 1 个选项，如图 1-3 所示，此时按"Space"键选择该文本即可。

图 1-3　输入"更快更高"

（4）继续输入"更强更团结"全拼编码"gengqianggengtuanjie"，可以在输入提示框中选择"更强更团结"，如图 1-4 所示。

图 1-4　输入"更强更团结"

（5）接下来输入英文单词和标点符号，输入后的结果如图 1-5 所示。

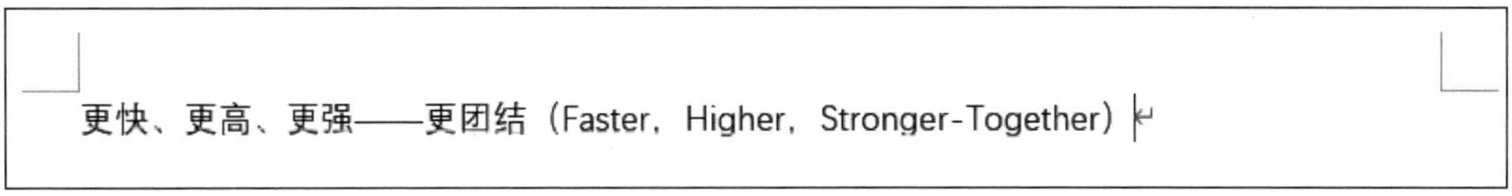

更快、更高、更强——更团结（Faster，Higher，Stronger-Together）

图 1-5　输入后的结果

2. 另存为 PDF 并关闭文档

（1）单击"文件"选项卡，在"文件"选项卡中单击"另存为"选项，单击"浏览"按钮，如图 1-6 所示。

图 1-6　"浏览"按钮

（2）打开"另存为"对话框，如图 1-7 所示。

图 1-7　"另存为"对话框

（3）选择保存位置"此电脑\文档\信息技术\"，在"文件名"文本框中输入文件名"中英文短句"，保存类型选择"PDF"，然后单击"保存"按钮，保存文档，如图 1-8 所示。

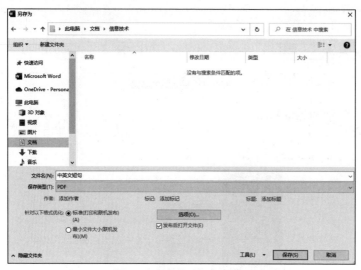

图 1-8　保存类型为"PDF"

（4）单击"文件"选项卡中的"保存"选项，保存文档，如图 1-9 所示。

（5）单击"文件"选项卡中的"关闭"选项，关闭文档，如图 1-10 所示。

图 1-9　保存文档

图 1-10　关闭文档

1.1.2　任务：设置"如何提升行动力"文档的格式

行动力是最重要的核心竞争力之一，在许多的好奇心、愿望、梦想的实现过程中，行动力都发挥着重要作用。本任务主题是"如何提升行动力"，我们可以在学会文档基础操作的同时，了解提升行动力的好方法。

【任务描述】

本任务的主要内容是设置文档格式。打开 Word 文档"如何提升行动力.docx"，如图 1-11 所示，完成以下操作。

图 1-11　Word 文档"如何提升行动力.docx"

（1）设置字体格式。将第 1 行（标题"如何提升行动力"）设置为"楷体、二号、加粗"；将第 2 行"各位同学："设置为"仿宋体、小三号、加粗"；将正文中的"一是'脑快'""二是'嘴快'""三是'手快'"设置为"黑体、小四号、加粗"；将"谢谢大家!"设置为"仿宋体、小四号"；将正文中的其他文字设置为"宋体、小四号"。

（2）设置段落格式。设置第 1 行居中对齐，第 2 行居左对齐且无缩进，其他各行两端对齐、首行缩进 2 字符。将第 1 行的行距设置为"单倍行距"，段前间距设置为"6 磅"，段后间距设置为"0.5行"；将第 2 行的行距设置为"1.5 倍行距"。将正文第 3 段至第 7 段的行距设置为"固定值"，设置值为"20 磅"。

（3）完成相应设置后，保存并关闭"如何提升行动力.docx"文档。

电子活页 1-3

Word 文档中编辑文本

【示例演练】

本任务主要进行字体设置、段落设置。在开始任务前，请查看电子活页中的内容，掌握移动插入点、定位、选定文本、复制与移动文本、删除文本、撤销、恢复等操作。

【任务实现】

1. 设置字体格式

（1）选择文档中的标题"如何提升行动力"，然后在"开始"选项卡"字体"组的"字体"下拉列表框中选择"楷体"，在"字号"下拉列表框中选择"二号"，单击"加粗"按钮 **B**，如图 1-12 所示。

（2）选择文档中的第 2 行文字"各位同学："，然后在"开始"选项卡"字体"组的"字体"下拉列表框中选择"仿宋体"，在"字号"下拉列表框中选择"小三号"，单击"加粗"按钮。

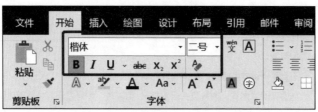

图1-12 "开始"选项卡的"字体"组设置内容

（3）分别选择文档中的文字"一是'脑快'""二是'嘴快'""三是'手快'"，在"开始"选项卡"字体"组的"字体"下拉列表框中选择"黑体"，在"字号"下拉列表框中选择"小四号"，单击"加粗"按钮。

（4）选择文档中的最后一行文字"谢谢大家！"，在"开始"选项卡"字体"组的"字体"下拉列表框中选择"仿宋体"，在"字号"下拉列表框中选择"小四号"。

（5）将正文中其他文字设置为"宋体、小四号"。字体设置后的效果如图1-13所示。

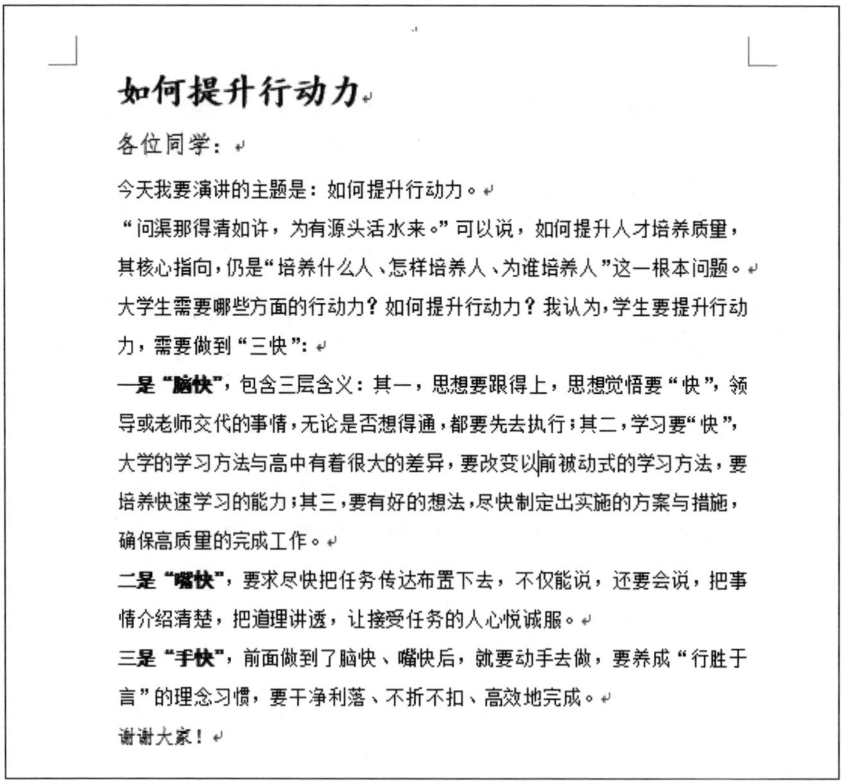

如何提升行动力

各位同学：

今天我要演讲的主题是：如何提升行动力。

"问渠那得清如许，为有源头活水来。"可以说，如何提升人才培养质量，其核心指向，仍是"培养什么人、怎样培养人、为谁培养人"这一根本问题。

大学生需要哪些方面的行动力？如何提升行动力？我认为，学生要提升行动力，需要做到"三快"：

一是"脑快"，包含三层含义：其一，思想要跟得上，思想觉悟要"快"，领导或老师交代的事情，无论是否想得通，都要先去执行；其二，学习要"快"，大学的学习方法与高中有着很大的差异，要改变以前被动式的学习方法，要培养快速学习的能力；其三，要有好的想法，尽快制定出实施的方案与措施，确保高质量的完成工作。

二是"嘴快"，要求尽快把任务传达布置下去，不仅能说，还要会说，把事情介绍清楚，把道理讲透，让接受任务的人心悦诚服。

三是"手快"，前面做到了脑快、嘴快后，就要动手去做，要养成"行胜于言"的理念习惯，要干净利落、不折不扣、高效地完成。

谢谢大家！

图1-13 字体设置后的效果

2. 设置段落格式

（1）选择文档中的标题"如何提升行动力"，单击"开始"选项卡"段落"组中"居中"按钮 ，即可设置标题行为居中对齐。选择文档中的第2行文字，单击"开始"选项卡"段落"组中"左对齐"按钮 ，即可设置为居左对齐且无缩进。

（2）选中第1行文字，打开"段落"对话框。在"段落"对话框"缩进和间距"选项卡的"间距"区域中，将"段前"设置为"6磅"，"段后"设置为"0.5行"，如图1-14所示，然后单击"确定"按钮使设置生效。

（3）选中第 2 行文字，打开"段落"对话框。在"段落"对话框"缩进和间距"选项卡的"间距"区域中，单击"行距"下拉列表，选择"1.5 倍行距"选项，如图 1-15 所示，然后单击"确定"按钮使设置生效。

图 1-14　第 1 行间距设置　　　　　　　　　　图 1-15　第 2 行行距设置

（4）选择其余正文文字，打开"段落"对话框。在"段落"对话框的"缩进和间距"选项卡的"常规"区域中，将"对齐方式"设置为"两端对齐"，"大纲级别"设置为"正文文本"。将"缩进"区域的"左侧"和"右侧"设置为"0 字符"，"特殊"设置为"首行"，"缩进值"设置为"2 字符"，如图 1-16 所示，单击"确定"按钮使设置生效。

图 1-16　正文缩进设置

（5）选中其余正文文字，打开"段落"对话框。在"段落"对话框"缩进和间距"选项卡的"间距"区域中，单击"行距"下拉列表，选择"固定值"选项，设置值为"20 磅"，如图 1-17 所示，然后单击"确定"按钮使设置生效。

图 1-17 其余正文文字行距设置

3. 保存并关闭"如何提升行动力.docx"文档

（1）单击快速访问工具栏中的"保存"按钮 <img>，对 Word 文档进行保存操作。Word 文档"如何提升行动力.docx"的最终设置效果如图 1-18 所示。

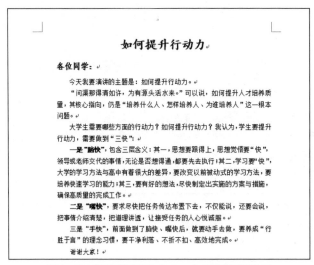

图 1-18 "如何提升行动力.docx"的最终设置效果

（2）单击界面右上角的"关闭"按钮 ✕ 关闭该文档。

1.1.3 知识讲解

通过前两个任务，我们对 Word 文档的基本编辑方式已经有所了解，现在来梳理相关的知识点，主要包括 Word 2016 窗口的基本组成及其主要功能、Word 2016 的视图模式、字体设置、段落设置、查找与替换文本、页面设置、打印预览与打印设置的操作技巧。

1. Word 2016 窗口的基本组成及其主要功能

熟悉 Word 2016 窗口的基本组成及 Word 2016 窗口组成元素的主要功能。

（1）Word 2016 窗口的基本组成。

Word 2016 窗口主要由标题栏、快速访问工具栏、功能区、文本编辑区、状态栏、视图切换按钮、标尺、滚动条等元素组成，如图 1-19 所示。

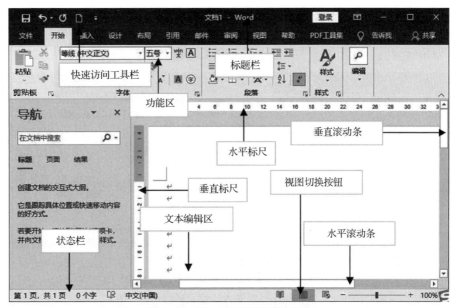

图 1-19　Word 2016 窗口基本组成

（2）Word 2016 窗口组成元素的主要功能。

Word 2016 窗口组成元素的主要功能如表 1-1 所示。

表 1-1　Word 2016 窗口组成元素及主要功能

窗口元素名称	功能
标题栏	标题栏位于 Word 窗口的最上方，用于显示当前文档的文件名及应用程序名称。标题栏的最右侧从左往右依次为"最小化"按钮、"最大化"按钮、"关闭"按钮
快速访问工具栏	标题栏的左侧为自定义快速访问工具栏，具有"保存""撤销""打开"等选项
功能区	Word 2016 窗口的功能区位于标题栏的下方，由多个选项卡（包括"文件""开始""插入""设计""布局""引用""邮件""审阅""视图""帮助"等）组成，这些选项卡包括若干个工具按钮
文本编辑区	用于输入文本、插入图像和表格的区域。该区域有一个黑色竖线并不断闪烁，这是文字插入点，输入的文字会显示在插入点位置
状态栏	状态栏位于窗口的底部，用于显示当前编辑内容所在页数、当前文档总页数、字数等信息
视图切换按钮	用于切换文档的视图显示模式，包括阅读视图、页面视图、Web 版式视图
标尺	标尺分为水平标尺和垂直标尺，利用标尺可以查看正文、图片、表格的高度和宽度，还可以设置页边距、段落缩进和制表位等
滚动条	滚动条分为水平滚动条和垂直滚动条，水平或垂直移动滚动条中的滑块，可以看到文档的不同位置

2. Word 2016 的视图模式

查看电子活页中的内容，熟悉 Word 2016 中 5 种不同的视图模式："阅读视图""页面视图""Web 版式视图""大纲视图"和"草稿"，掌握视图切换操作。

3. 字体设置

对于 Word 文档而言，字体与段落设置是最基本的功能。一个完整的文本包括标题、段落、标点等内容。在输入与编辑过程中会遇到各种问题，如在编辑中字体、字号或段落格式的处理等，现在对字体设置与段落设置的知识点进行梳理。

我们可以用以下方法进行字体设置。

电子活页 1-4

Word 2016 的视图模式

（1）利用 Word"开始"选项卡"字体"组的按钮设置格式。

Word 2016"开始"选项卡功能区如图 1-20 所示，将鼠标置于各个按钮之上会出现相应的功能提示信息，利用"开始"选项卡"字体"组的按钮可以简便地进行格式设置操作。

图 1-20 "开始"选项卡功能区

首先选择文本内容，然后在"字体"组的"字体"下拉列表框中选择一种合适的字体，在"字号"下拉列表框中选择一种合适的字号。

（2）利用 Word 的"字体"对话框设置格式。

首先选择文本内容，然后在"开始"选项卡的"字体"组右下角单击"字体"按钮 ，打开"字体"对话框，可以根据需要在此对话框中对选定的文本进行格式设置。

① 设置字体、字形、字号、字体颜色、下划线、着重号和效果

在"字体"对话框的"字体"选项卡中，为所选中文本选择字体、字形、字号、字体颜色、下划线线型、着重号和效果，如图 1-21 所示。

② 设置文本的缩放、间距和位置

将"字体"对话框切换到"高级"选项卡，如图 1-22 所示，在"字符间距"区域可设置缩放、间距和位置。"缩放"下拉列表框用于按文本当前尺寸的百分比进行扩大或缩小；"间距"下拉列表框用于加大或缩小字符之间的距离，右侧的磅值框用于输入或调整间距数值；"位置"下拉列表框用于将文字相对于基准位置提升或降低，右侧的磅值框用于输入或调整位置数值。

图 1-21 "字体"对话框的"字体"选项卡

图 1-22 "字体"对话框中的"高级"选项卡

（3）利用 Word 格式刷快速设置格式。

使用"开始"选项卡"剪贴板"组的"格式刷" 格式刷 按钮，可以把一部分文本的格式复制到另一部分文本上，使其具有相同的格式。

① 一次复制格式

选定已设置格式的文本，单击"格式刷"按钮，如图 1-23 所示，然后在需要设置相同格式的文本

上拖曳鼠标，即可将格式复制到拖曳过的文本上。格式复制完成后，格式刷自动取消选中状态。

图 1-23　单击"格式刷"按钮

② 多次复制格式

选定已设置格式的文本，双击"格式刷"按钮，然后在多个需要设置相同格式的文本上拖曳鼠标。格式复制完成后，再次单击"格式刷"按钮或按键盘上的"Esc"键，即可取消格式刷的选中状态。

4. 段落设置

我们可以用以下方法进行段落格式设置。

（1）利用"段落"组按钮设置段落格式。

① 使用"开始"选项卡"段落"组中"左对齐"按钮、"居中"按钮、"右对齐"按钮、"两端对齐"按钮、"分散对齐"按钮可以快速设置文本对齐方式，"段落"组如图 1-24 所示。将插入点移到需要设置格式的段落内，单击对齐按钮，即可快速设置段落的对齐方式。

图 1-24　"段落"组

② "两端对齐"按钮▤的效果是使除段落的最后一行以外，其他行的文字均匀分布在左右页边距之间，从而使两侧文字具有整齐的边缘。"两端对齐"的效果如图 1-25 所示。

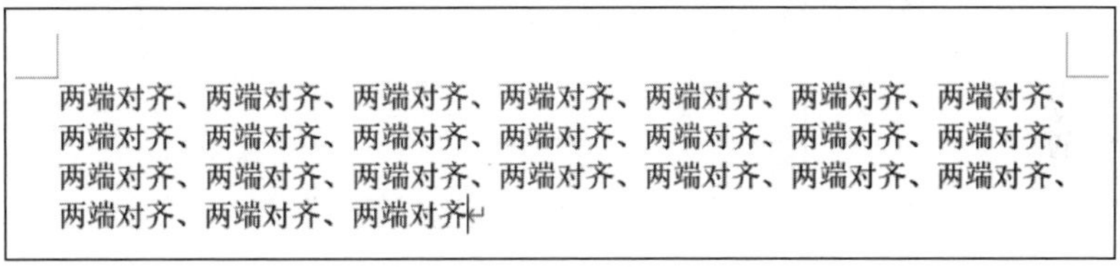

两端对齐、两端对齐、两端对齐、两端对齐、两端对齐、两端对齐、两端对齐、
两端对齐、两端对齐、两端对齐、两端对齐、两端对齐、两端对齐、两端对齐、
两端对齐、两端对齐、两端对齐、两端对齐、两端对齐、两端对齐、两端对齐、
两端对齐、两端对齐、两端对齐

图 1-25　"两端对齐"的效果

③ "分散对齐"和"两端对齐"的最后一行有差别。"分散对齐"按钮▤可以调整段落内每一行字符的距离，使字符均匀地填满段落内的每一行，包括段落内的最后一行。不管最后一行有几个字符，都会分散开，以保证与前几行左右对齐。"分散对齐"的效果如图 1-26 所示。

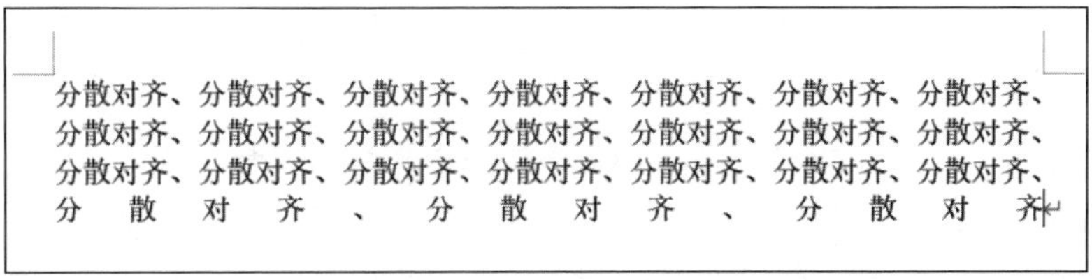

分散对齐、分散对齐、分散对齐、分散对齐、分散对齐、分散对齐、分散对齐、
分散对齐、分散对齐、分散对齐、分散对齐、分散对齐、分散对齐、分散对齐、
分散对齐、分散对齐、分散对齐、分散对齐、分散对齐、分散对齐、分散对齐、
分　散　对　齐　、　分　散　对　齐　、　分　散　对　齐

图 1-26　"分散对齐"的效果

④ 设置行距时，首先将插入点置于需要设置格式的段落内，然后单击"开始"选项卡"段落"组中的"行和段落间距"按钮，在弹出的行距数值列表中选择一个合适的数值，如图 1-27 所示。

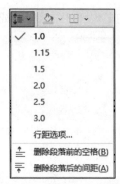

图 1-27　选择一个合适的数值

（2）利用"段落"对话框设置段落格式。

利用"段落"对话框可以精确设置段落缩进、行距等段落格式，设置方法如下。

① 确定格式设置范围

如果只对一个段落设置格式，将插入点移到段落内的任意位置；如果需要对多个段落设置格式，则应全部选中这些段落。

② 打开"段落"对话框

单击"开始"选项卡"段落"组中右下角"段落设置"按钮⬛，弹出"段落"对话框，"段落"对话框的"缩进和间距"选项卡如图 1-28 所示。

图 1-28　"段落"对话框的"缩进和间距"选项卡

③ 设置缩进和间距

- 设置对齐方式。在"对齐方式"下拉列表框中选择需要设置的对齐方式，包括"左对齐""居中""右对齐""两端对齐"和"分散对齐"5 种方式。
- 设置缩进。在数字编辑框中输入数字或单击数字按钮调整段落的左、右缩进字符个数。
- 设置特殊格式。可以在"特殊"格式的两个列表项（"首行"和"悬挂"）中选取一项，并在"缩进值"数字编辑框中设置缩进值。一般情况下,居中对齐的段落首行缩进值应为零。

- 设置段前间距和段后间距。"段前"间距是指当前段落与前一段落之间的距离,"段后"间距是指当前段落与后一段落之间的距离。在数字编辑框中输入数字或单击数字按钮调整段前间距或段后间距。

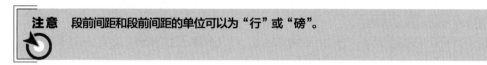

注意 段前间距和段前间距的单位可以为"行"或"磅"。

- 设置行距。在"行距"下拉列表框中选择一种行距类型,包括"单倍行距(默认值)""1.5 倍行距""2 倍行距""最小值""固定值""多倍行距"。其中"最小值""固定值""多倍行距"选项需要在右边的"设置值"框内输入数字或单击数字按钮调整数字。"最小值"和"固定值"以"磅"为单位,"多倍行距"则是基本行距的倍数。
- 设置"换行和分页"选项。将"段落"对话框切换到"换行和分页"选项卡,如图 1-29 所示。在该选项卡中可以设置"孤行控制(即不允许只有一行的段落另起一页)""与下段同页""段中不分页(即在段内不允许分页)""段前分页""取消行号"和"取消断字","段落"对话框的"换行和分页"选项卡。

图 1-29 "段落"对话框的"换行和分页"选项卡

- 设置"中文版式"选项。将"段落"对话框切换到"中文版式"选项卡,如图 1-30 所示。在该选项卡中可以设置"按中文习惯控制首尾字符""允许西文在单词中间换行""允许标点溢出边界""允许行首标点压缩""自动调整中文与西文的间距""自动调整中文与数字的间距"以及"文本对齐方式"。文本对齐方式包括"顶端""居中""基线""底部"和"自动",默认的对齐方式为"居中"。

图 1-30 "段落"对话框的"中文版式"选项卡

注意 对于文档中插入的按钮小图片，如果要设置与文本内容纵向对齐，则将该按钮小图片的纵向对齐方式设置为"居中"即可。

（3）利用水平标尺设置段落缩进。

水平标尺上有段落缩进设置标志。拖曳相应缩进标志，可以设置段落的缩进，如图 1-31 所示。

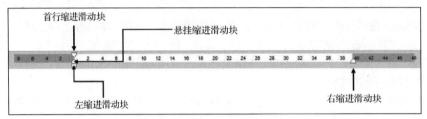

图 1-31　利用水平标尺设置段落缩进

"左缩进滑动块"控制整个段落左边界的距离，"右缩进滑动块"控制整个段落右边界的距离，"首行缩进滑动块"控制段落第一行第一个字符的位置，"悬挂缩进滑动块"控制段落中除第一行之外，其他各行的缩进距离。

5. 查找与替换文本

扫描二维码，查看电子活页，学习 Word 的查找与替换功能。查找或替换的内容除了普通文字，还包括特殊字符，如段落标记、手动换行符、图形等。

6. 页面设置

Word 中"布局"选项卡下的"页面设置"组主要包括页边距、纸张等设置。页边距是指页面中文本四周与纸张边缘之间的距离，包括左、右边距和上、下边距。页边距可以通过"页面设置"对话框或标尺进行调整。

电子活页 1-5

在 Word 文档中查找与替换文本

（1）设置页边距。

单击"布局"选项卡"页面设置"组右下角"页面设置"按钮，弹出"页面设置"对话框，"页面设置"对话框的"页边距"选项卡如图 1-32 所示。

图 1-32　"页面设置"对话框的"页边距"选项卡

> **提示** 双击垂直标尺或水平标尺的任意位置也可以打开"页面设置"对话框。

① 设置页边距

在"页边距"区域的"上""下"两个数字编辑框中输入边距值，在"左""右"两个数字编辑框中利用微调按钮调整边距值，同时还可以设置装订线宽度与位置。

② 设置页面方向

在"纸张方向"区域选择"纵向"或"横向"，可以在"预览"区域查看效果。

③ 设置应用范围

在"应用于"下拉列表框中选择应用范围。当需要修改文档中一部分页边距时，在"应用于"下拉列表框中选择"插入点之后"选项，Word 自动在设置了新页边距的文本前后插入分节符。

在"页边距"选项卡中设置好新的页边距后，单击"设为默认值"按钮，可以将页面设置保存到文档所用模板中。

（2）设置纸张。

将"页面设置"对话框切换到"纸张"选项卡，如图 1-33 所示，可以设置纸张大小、纸张来源等选项。在"纸张大小"下拉列表框中可以选择打印机支持的纸张类型。也可以自定义纸张尺寸，在"宽度"和"高度"数字编辑框中输入相应数值即可。

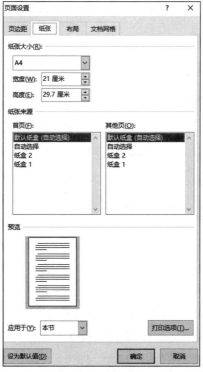

图 1-33 "页面设置"对话框的"纸张"选项卡

（3）设置布局。

将"页面设置"对话框切换到"布局"选项卡，如图 1-34 所示，在该选项卡中可以设置节的起始位置、页眉和页脚、页面垂直对齐方式、行号、边框等。

图 1-34 "页面设置"对话框的"布局"选项卡

（4）设置文档网格。

将"页面设置"对话框切换到"文档网格"选项卡，在该选项卡中可以设置文字排列的方向和栏数、网格类型、每行的字符及间距、每页的行数及间距等，如图 1-35 所示。

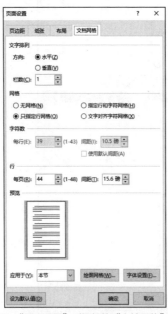

图 1-35 "页面设置"对话框的"文档网络"选项卡

电子活页 1-6

打印文档

7. 打印预览与打印设置

扫描二维码，查看电子活页，学习"打印文档"。Word 文档正式打印之前，可以利用"打印预览"功能预览文档的外观效果，如果不满意，可以重新编辑修改，直到满意后再进行打印。

查看电子活页中的内容，掌握 Word 文档中打印文档的方法，完成设置打印份数、设置打印文稿范围、设置打印方式等操作。

项目 1.2　插入与编辑图片——Word 行动派的"内功"1

本项目将介绍插入与编辑艺术字、图片，绘制与编辑图形等操作。这些操作是 Word 行动派"内功"的重要组成部分，帮助我们可以更灵活地使用 Word 文档，练就一身图文混排的好功夫。

1.2.1　任务：图文混排《行动派——把"想动"换"行动"》

我们可能会遇到明明有远大目标却迷失在眼前的情况。本任务讲述的是在班会中通过演讲、讨论等形式，头脑风暴出把"想动"换"行动"的好主意，一起来看看这场有趣又有料的班会是如何举办的吧！

【任务描述】

视频 1-2

插入与编辑图片
任务演示

打开 Word 文档"行动派——把'想动'换'行动'.docx"，在该文档中完成以下操作。

（1）设置艺术字效果。将标题"行动派——把'想动'换'行动'"设置为艺术字效果。

（2）设置项目符号。在正文中文字"一、主题有意思。""二、形式生动活泼。""三、内涵丰富。""四、现场感强。""五、高潮迭起。"前面添加项目符号 ➤ 。

（3）插入并设置图片。在正文文字"四、现场感强。"下的左侧位置插入图片"行动.jpg"，将该图片的宽度设置为"8 厘米"，高度设置为"6.01 厘米"，环绕方式设置为"四周型"。

（4）保存文档。

【示例演练】

在开始任务前，让我们查看电子活页中的内容，掌握电子活页中介绍的在 Word 文档中插入与编辑艺术字的方法。

电子活页 1-7

在 Word 文档中插入
与编辑艺术字

【任务实现】

打开 Word 文档"行动派——把'想动'换'行动'.docx"。

1. 设置艺术字效果

（1）选择 Word 文档中的标题"行动派——把'想动'换'行动'"。

（2）单击"插入"选项卡"文本"组的"艺术字"按钮，打开"艺术字"样式列表。

（3）在样式列表中选择样式"填充：蓝色，着色 1；阴影"后，在文档中会插入一个"艺术字"框，将所选文字设置为了艺术字效果，艺术字效果如图 1-36 所示。

《行动派——把"想动"换"行动"》
主题班会记录

图 1-36　艺术字效果

2. 设置项目符号

（1）定义新项目符号。

单击"开始"选项卡"段落"组"项目符号"按钮●的三角形按钮，打开其下拉列表框。在"项目符号"下拉列表框中选择"定义新项目符号"命令，打开"定义新项目符号"对话框，单击"符号"按钮，在弹出的"符号"对话框中选择 ➤ 。"符号"对话框如图 1-37 所示。

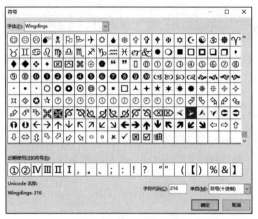

图 1-37 "符号"对话框

单击"确定"按钮关闭该对话框并返回"定义新项目符号"对话框，如图 1-38 所示。在"定义新项目符号"对话框中单击"确定"按钮关闭该对话框并将新的项目符号 ➤ 添加到"项目符号库"中。

（2）插入项目符号。

选中正文中的小标题文字"一、主题有意思。"，单击"开始"选项卡"段落"组"项目符号"按钮旁边的三角形按钮，打开"项目符号"下拉列表，在"项目符号库"中选择项目符号 ➤ ，如图 1-39 所示。

图 1-38 "定义新项目符号"对话框

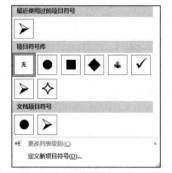

图 1-39 在"项目符号库"中选择项目符号

将正文中小标题文字"二、形式生动活泼。""三、内涵丰富。""四、现场感强。""五、高潮迭起。"也插入项目符号 ➤ 。

3. 插入并设置图片

（1）插入图片。

将插入点置于正文文字"四、现场感强。"左侧位置，然后单击"插入"选项卡"插图"组中的"图片"按钮，在下拉列表框中单击"此设备"选项，选择图片"行动.png"，插入图片"行动.png"。

（2）在文档中选择图片"行动.png"，然后在"图片工具－格式"选项卡"大小"组的"高度"数字编辑框中输入"6 厘米",在"宽度"数字编辑框中输入"8 厘米",即设置图片高度为 6 厘米,宽度为 8 厘米。

（3）在文档中选择图片"行动.png",然后单击"图片工具-格式"选项卡"排列"组的"环绕文字"按钮,在其下拉列表框中选择"四周型",适度调整文档中图片的位置。"行动派——把'想动'换'行动'.docx"的图文混排效果如图 1-40 所示。

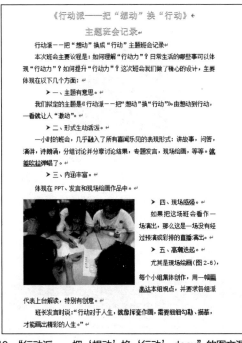

图 1-40 "行动派——把'想动'换'行动'.docx"的图文混排效果

4. 保存文档

单击快速访问工具栏中的"保存"按钮，对"行动派——把'想动'换'行动'.docx"进行保存操作。

1.2.2 知识讲解

在 1.2.1 任务中,我们已经学习了插入与编辑艺术字的方法,并通过操作对图文混排的各项功能有所了解。现在让我们来系统地梳理插入与编辑图片、插入与编辑文本框、绘制与编辑图形、制作水印效果的方法。

1. 插入与编辑图片

（1）插入图片。

Word 文档中可以插入各种格式的图片,如 jpg、bmp、gif 等格式。在"插入"选项卡的"插图"组单击"图片"按钮,可以选取要插入的图片文件,然后单击"插入"按钮即可。

视频 1-3

插入与编辑图片
知识讲解

（2）复制、移动、改变图片大小、删除图片。

① 复制、移动图片

利用功能区中的"复制""剪切"和"粘贴"按钮,可以实现对图片的复制与移动。另外单击选中图片并将光标置于图片中,当光标指针变为形状时,按住鼠标左键拖曳鼠标即可将图片移动到文档中的其他位置。

② 改变图片大小

单击选中图片，在图片四周会出现 8 个空心小圆形，这些小圆形是图片的尺寸控制点，当鼠标指针在不同的控制点上时，指针会变成不同形状。按住鼠标左键并拖曳，可以改变图片的大小，纵向双箭头可以调整图片高度，横向双箭头可以调整图片宽度，斜向双箭头则可以同时调整高度和宽度，改变图片大小如图 1-41 所示。

图 1-41　改变图片大小

③ 删除图片

选中图片，按"Delete"键，或者选择功能区中的"剪切"按钮都可以删除图片。

（3）设置图片格式。

在 Word 文档中双击图片，显示"图片工具-格式"选项卡如图 1-42 所示，该选项卡分为"调整""图片样式""排列"和"大小"4 个组。

图 1-42　"图片工具-格式"选项卡

在 Word 文档中的图片上单击鼠标右键，弹出快捷菜单，如图 1-43 所示，选择"设置图片格式"选项。

打开"设置图片格式"窗格，如图 1-44 所示。在该窗格中可以对图片进行相关设置。

图 1-43　弹出快捷菜单

图 1-44　"设置图片格式"窗格

（4）设置图片的版式。

Word 文档中的文本以及图片、文本框等对象的叠放次序分为处于文本层、浮于文字上方、衬于文字下方 3 种。在文本层的文字或对象具有排他性，即同一位置只能有一个对象，但使用浮于文字上方和衬于文字下方的功能可以实现图片和文本的层叠。

在 Word 文档中的图片上单击鼠标右键，在弹出的快捷菜单中选择"环绕文字"选项，如图 1-45 所示，在其级联菜单中选择"浮于文字上方"选项，这时可以实现文字和图片的层叠排列。

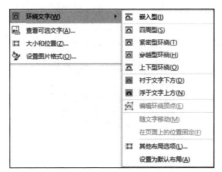

图 1-45　"环绕文字"选项

在"环绕文字"级联菜单中单击"其他布局选项"选项，可以打开"布局"对话框的"文字环绕"选项卡，如图 1-46 所示。

图 1-46　"布局"对话框的"文字环绕"选项卡

利用图 1-45 所示的菜单选项或者图 1-46 所示"布局"对话框的"文字环绕"选项卡可以设置多种环绕方式，其各自的特点说明如下。

- "四周型"环绕方式使文字包围在图片的四周，围成一个矩形框。
- "紧密型"环绕方式使文字在图片的四周填满。
- "上下型"环绕方式使文字位于图片的上方和下方，图片左右没有文字。
- "穿越型"环绕方式使文字在图片周围填满。

2. 插入与编辑文本框

（1）插入文本框。

单击"插入"选项卡"文本"组中的"文本框"按钮，在下拉列表框中单击"简

电子活页 1-8

在 Word 文档中插入
与编辑文本框

单文本框"。在 Word 文档"插入与编辑文本框.docx"中分别插入 2 个文本框，在第 1 个文本框中输入文字"赏析自然"，在第 2 个文本框中插入 1 张图片"01.jpg"。

（2）调整文本框大小、位置和环绕方式。

使用"布局"对话框调整文本框大小、位置和环绕方式。请查看电子活页中的内容，创建并打开 Word 文档"插入与编辑文本框.docx"，掌握电子活页中介绍的 Word 文档中插入与编辑文本框操作方法。

3. 绘制与编辑图形

在 Word 2016 文档中除了可以插入图片外，还可以使用系统提供的绘图工具绘制所需的各种图形。单击"插入"选项卡"插图"组的"形状"按钮，弹出"形状"下拉列表如图 1-47 所示，在其中选择一种形状，将鼠标指针移到文档中图形绘制的起始位置，当鼠标指针变成十形状时，按住鼠标左键并拖曳鼠标指针，图形大小合适后松开鼠标左键，即可绘制相应的图形。

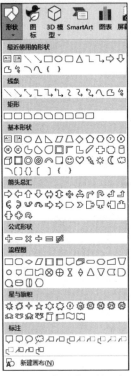

图 1-47 "形状"下拉列表

> **提示** 在"形状"下拉列表中单击"矩形"按钮，按住"Shift"键，再按住鼠标左键拖曳可绘制正方形；单击"椭圆"按钮，按住"Shift"键，再按住鼠标左键拖曳可绘制圆。

4. 制作水印效果

水印是文档的背景中隐约出现的文字或图案，当文档的每一页都需要水印时，可通过"页眉和页脚""文本框"组合制作。

（1）单击"插入"选项卡"页眉和页脚"组中的"页眉"按钮，在弹出的下拉菜单中选择"编辑页眉"命令，进入页眉的编辑状态。

（2）在"页眉和页脚"选项卡的"选项"组中取消勾选"显示文档文字"复选框，如图 1-48 所示，可以隐藏文档中的文字和图形。

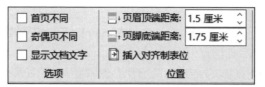

图 1-48 "显示文档文字"复选框

（3）在文档中的合适位置（不一定是页眉或页脚区域）插入一个文本框，并且设置文本框的边框为"无线条"。

（4）在文本框中输入作为水印的文字或插入图片，并设置其格式，将该文本框的环绕方式设置为"衬于文字下方"，如图 1-49 所示。

图 1-49 环绕式设置为"衬于文字下方"

（5）单击"页眉和页脚工具-页眉和页脚"选项卡"关闭"组中的"关闭页眉和页脚"按钮，在文档的每一页都将看到水印效果，水印制作效果如图 1-50 所示。

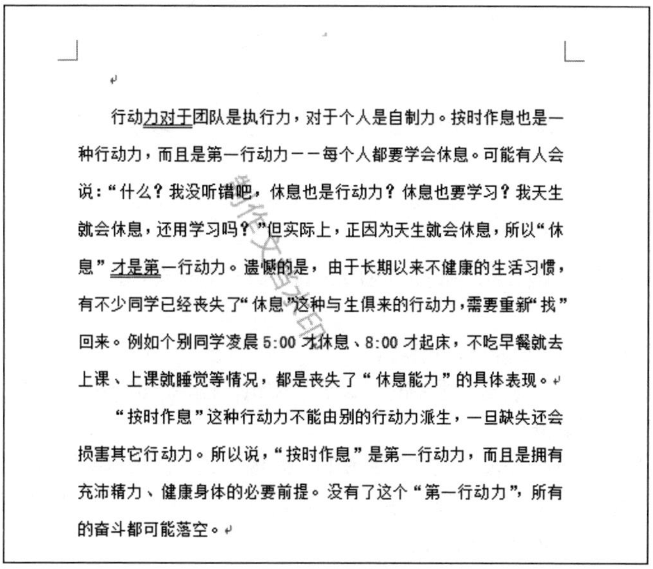

　　　　行动力对于团队是执行力，对于个人是自制力。按时作息也是一种行动力，而且是第一行动力－－每个人都要学会休息。可能有人会说："什么？我没听错吧，休息也是行动力？休息也要学习？我天生就会休息，还用学习吗？"但实际上，正因为天生就会休息，所以"休息"才是第一行动力。遗憾的是，由于长期以来不健康的生活习惯，有不少同学已经丧失了"休息"这种与生俱来的行动力，需要重新"找"回来。例如个别同学凌晨 5:00 才休息、8:00 才起床，不吃早餐就去上课、上课就睡觉等情况，都是丧失了"休息能力"的具体表现。

　　　　"按时作息"这种行动力不能由别的行动力派生，一旦缺失还会损害其它行动力。所以说，"按时作息"是第一行动力，而且是拥有充沛精力、健康身体的必要前提。没有了这个"第一行动力"，所有的奋斗都可能落空。

图 1-50 水印制作效果

项目 1.3　插入与编辑表格——Word 行动派的"内功"2

在 Word 中使用表格可以将文档内容加以分类，使内容表达更加准确、清晰、有条理。熟悉表格的插入和编辑方法能使我们的"内功"更加深厚，大大提高文本编排效率，为成为 Word 行动派打下坚实基础。

视频 1-4

插入与编辑表格
任务演示

1.3.1　任务：制作职业素质银行"健康生活"积分指标

"职业素质银行"活动旨在用数据引导、规范学生的日常行为，指导学生科学规划职业生涯，提升就业竞争力。"职业素质银行"由不同的积分指标组成，健康生活是其中非常重要的一部分，快来看看你能拿几分呢？

【任务描述】

本任务主要是为了帮助大家掌握表格的插入与编辑相关技能。通过完成任务，我们将对表格的插入、行高和列宽的调整、表格框线和底纹的设置等知识有所掌握。创建并打开 Word 文档"职业素质银行'健康生活'积分指标.docx"，在该文档中完成以下操作。

（1）插入表格。在文档中插入一个 5 列 3 行的表。

（2）设置表格行高和列宽。表格第 1 行高度的最小值为 1.61 厘米。表格第 1 列总宽度为 2.44 厘米，第 2～5 列宽度为 3.1 厘米。

（3）设置表格在主文档页面水平方向居中对齐。

（4）合并单元格。分别将第 1 列的第 2、3 行，第 3 列的第 2、3 行，第 5 列第 2、3 行进行合并。

（5）设置表格框线。表格外框线为自定义类型，线型为外粗内细，宽度为 3 磅，其他内边框线为 0.5 磅单细实线。

（6）设置表格底纹。为表格第 1 列和第 1 行添加底纹，底纹颜色为蓝色（淡色 60%）。

（7）设置表格字体。在表格中输入文本内容，将文本内容的字体设置为"宋体"，字形设置为"加粗"，字号设置为"小五"，单元格水平和垂直对齐方式都设置为"居中"。

（8）保存文档。

【示例演练】

在开始任务前，让我们先来熟悉 Word 文档"插入"选项卡"表格"组中的"表格"按钮，熟悉插入表格的几种方式。

【任务实现】

创建并打开 Word 文档"职业素质银行'健康生活'积分指标表.docx"。

1. 插入表格

（1）将插入点定位到需要插入表格的位置。

（2）单击"插入"选项卡"表格"组中的"表格"按钮，在弹出的下拉列表框中选择"插入表格"选项，打开"插入表格"对话框。

（3）在"插入表格"对话框"表格尺寸"区域的"列数"数字编辑框中输入"5"，在"行数"数字编辑框中输入"3"，对话框中的其他选项保持不变，如图 1-51 所示。然后单击"确定"按钮，在文档中插入点位置将会插入一个 5 列 3 行的表格。

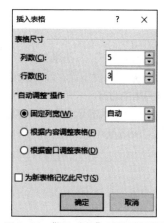

图1-51 "插入表格"对话框的设置

2. 设置表格的行高和列宽

（1）设置第1行行高。

① 将光标插入点定位到表格的第1行第1列的单元格中，在"表格工具-布局"选项卡"单元格大小"组"高度"数字编辑框中输入"1.61厘米"，如图1-52所示。

② 选中表格的第1行单元格，在"表格工具-布局"选项卡"表"组中选择"属性"按钮，如图1-53所示。也可以单击鼠标右键，在弹出的快捷菜单中选择"表格属性"选项，打开"表格属性"对话框。将"表框属性"对话框切换到"行"选项卡。"行"选项卡"尺寸"区域内显示当前行（这里为第1行）的行高，先勾选"指定高度"复选框，然后输入或调整高度数字为"1.61厘米"，"行高值是"选择"最小值"。单击"确定"按钮，使设置生效并关闭"表格属性"对话框。可以采用此方法精确设置第1行的行高。

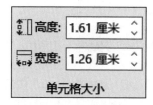

图1-52 设置单元格行高

图1-53 在"表格工具-布局"选项卡"表"组中选择
"属性"按钮

（2）设置第1列和第2~5列的列宽。首先选中表格的第1列单元格，然后打开"表格属性"对话框，切换到"表格属性"对话框"列"选项卡，先勾选"指定宽度"复选框，然后在其数字编辑框中输入数字"2.44"，在"度量单位"下拉列表框中选择"厘米"，设置单元格列宽，如图1-54所示。

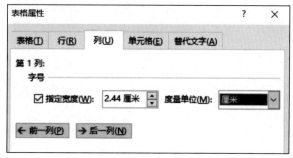

图1-54 设置单元格列宽

单击"后一列"按钮，设置第 2 列的列宽。先勾选"指定宽度"复选框，然后输入宽度数字为"3.1 厘米"，度量单位选择"厘米"。

（3）以类似方法将第 3～5 列的宽度设置为"3.1 厘米"。

（4）表格设置完成后，单击"确定"按钮，使设置生效并关闭"表格属性"对话框。

3. 设置表格在主文档页面水平方向居中对齐

选中表格，在"开始"选项卡"段落"组中选择"居中"按钮，将表格在主文档页面水平方向居中对齐，设置行高列宽后的表格效果如图 1-55 所示。

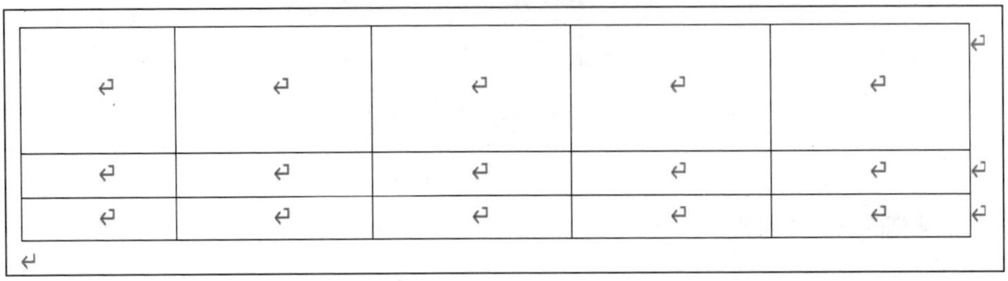

图 1-55　设置行高列宽后的表格效果

4. 合并单元格

（1）选中第 1 列的第 2、3 行的两个单元格，单击鼠标右键，在弹出的快捷菜单中选择"合并单元格"选项，即可以将两个单元格合并为一个单元格。

（2）选中第 3 列的第 2、3 行的两个单元格，然后单击"表格工具-布局"选项卡"合并"组的"合并单元格"按钮，也可以将两个单元格合并为一个单元格。

（3）单击"表格工具-布局"选项卡"绘图"组中的"橡皮擦"按钮，鼠标指针变为橡皮擦的形状，按下鼠标左键并拖曳至第 5 列的第 2 行与第 3 行之间的横线，擦除横线，将两个单元格合并。然后再次单击"橡皮擦"按钮，取消擦除状态。

5. 设置表格外边框

（1）打开"表格属性"对话框，在"表格"选项卡中"对齐方式"区域选择"居中"，"文字环绕"区域选择"无"，然后单击"确定"按钮，设置表格外框线。

（2）将光标置于表格中，单击"表格工具-表设计"选项卡"边框"组中的"边框"按钮，在弹出的下拉列表中选择"边框与底纹"选项，打开"边框和底纹"对话框，切换到"边框"选项卡。

（3）在"边框和底纹"对话框"边框"选项卡的"设置"区域选择"自定义"，在"样式"列表框中选择适用于上边框和左边框的"外粗内细"边框类型 ▃▃▃▃▃▃ ，在"宽度"下拉列表框中选择"3.0 磅"。

（4）在"预览"区域单击两次"上框线"按钮▦，第 1 次单击取消上框线，第 2 次单击按自定义样式重新设置上框线。单击两次"左框线"按钮▦设置左框线。

（5）在"边框和底纹"对话框"边框"选项卡的"设置"区域选择"自定义"，在"样式"列表框中选择适用于下边框和右边框的"外细内粗"边框类型 ▃▃▃▃▃▃ ，在"宽度"下拉列表框中选择"3.0 磅"。

（6）在"预览"区域单击两次"下框线"按钮▦、"右框线"按钮▦分别设置对应的框线。

（7）设置的边框可以应用于表格、单元格以及文字和段落。在"应用于"下拉列表框中选择"表格"。对表格外框线进行设置后，"边框和底纹"对话框"边框"选项卡如图 1-56 所示。

这里仅对表格外边框进行了设置，内边框保持 0.5 磅单细实线不变。

（8）边框线设置完成后单击"确定"按钮使设置生效并关闭该对话框。

单击"表格工具-布局"选项卡"绘图"组的"绘制表格"按钮，在表格左上角的单元格中自左上角向右下角拖曳鼠标绘制斜线表头，绘制表格如图 1-57 所示。然后再次单击"绘制表格"按钮，返回文档编辑状态。

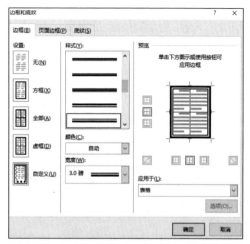

图 1-56　"边框和底纹"对话框"边框"选项卡设置

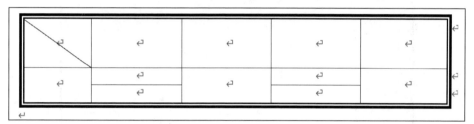

图 1-57　绘制表格

6. 设置表格底纹

（1）在表格中选中需要设置底纹的区域，这里选择表格第 1 行的单元格。

（2）打开"边框和底纹"对话框，切换到"底纹"选项卡，在"填充"区域的下拉列表框中选择"蓝色（淡色 60%）"，"边框和底纹"对话框"底纹"选项卡如图 1-58 所示，其效果可以在预览区域进行预览。

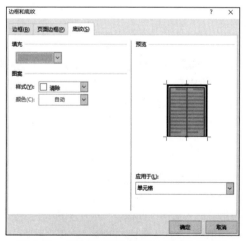

图 1-58　"边框和底纹"对话框"底纹"选项卡

（3）底纹设置完成后，单击"确定"按钮使设置生效并关闭该对话框。

第1列的底纹设置方法也如此。

7. 设置表格字体

首先，在单元格中输入相应文本内容。然后完成相应的字体设置操作。

（1）设置表格内容的字体、字形和字号

选中表格内容，在"开始"选项卡"字体"组的"字体"下拉列表框中选择"宋体"，在"字号"下拉列表框中选择"小五"，选中需要加粗的内容，单击"开始"选项卡"字体"组的"加粗"按钮。

（2）设置单元格对齐方式

选中表格中所有的单元格，在"表格工具-布局"选项卡"对齐方式"组中单击"水平居中"按钮，即可将单元格中文字的水平和垂直对齐方式都设置为居中。

8. 保存文档

单击快速访问工具栏中的"保存"按钮 ，对 Word 文档"职业素质银行'健康生活'积分指标表.docx"进行保存操作。

"职业素质银行'健康生活'积分指标"表最终效果如图 1-59 所示。

一级指标 二级指标	珍爱生命	自我管理	公寓评比	体商活动
健康生活	按体测最好成绩等量计分。	早起训练营：早起习惯坚持21天，加10分；早起习惯坚持180天，加30分；早起习惯坚持365天，加100分。	评上校级文明宿舍，宿舍成员每人加10分；评上院级文明宿舍，宿舍成员每人加5分。	软跑团：里程数达100公里加10分；里程数达300公里加30分；里程数达1000公里加100分。社团负责人加10分。
	获得校级心理健康类奖项加10分。		违规使用电器：未关好电源；乱拉接电源、网线；点燃蚊香；晚归；未归。违反其中任何一项，每项每次扣1分；如属集体违规，扣违规宿舍成员每人0.5分。	

图 1-59 "职业素质银行'健康生活'积分指标"表最终效果

1.3.2 知识讲解

在 1.3.1 任务中，我们已经在示例演练中学习掌握了插入表格、调整表格的相关操作，通过任务也对表格的插入与编辑有所了解。现在让我们来学习创建表格、表格中的插入和删除、合并与拆分单元格、表格内容输入与编辑、表格中数值计算与数据排序的操作技巧。

视频 1-5

插入与编辑表格
知识讲解

1. 创建表格

（1）使用"插入"选项卡中的"表格"按钮快速插入表格的方式如下。

① 将插入点定位到文档中需要插入表格的位置。

② 单击"插入"选项卡"表格"组中的"表格"按钮，打开下拉列表框。

③ 在"表格"下拉列表框的"插入表格"网格中，从左上方向右下方移动鼠标指针，网格的左上方区域将高亮显示，同时在文档中可以预览插入表格的效果，在表格网格上方的提示栏中会显示相应的行数和列数。选出 9×6 表格，即将表格设置为 9 列 6 行，如图 1-60 所示。

图 1-60　9×6 表格

④ 单击鼠标左键，在文档中光标所在位置便插入 9×6 的标准表格，如图 1-61 所示。表格的行高和列宽及其格式均采用 Word 的默认值。

↵	↵	↵	↵	↵	↵	↵	↵	↵
↵	↵	↵	↵	↵	↵	↵	↵	↵
↵	↵	↵	↵	↵	↵	↵	↵	↵
↵	↵	↵	↵	↵	↵	↵	↵	↵
↵	↵	↵	↵	↵	↵	↵	↵	↵
↵	↵	↵	↵	↵	↵	↵	↵	↵

图 1-61　插入 9×6 的标准表格

（2）使用"插入表格"对话框插入表格的方式如下。

① 将插入点定位到需要插入表格的位置。

② 在"插入"选项卡的"表格"下拉列表中选择"插入表格"选项，打开"插入表格"对话框。

③ 在"插入表格"对话框"表格尺寸"区域的"列数"数字编辑框中输入所需的列数值，在"行数"数字编辑框中输入所需的行数值，也可以单击数值框右侧的微调按钮改变列数或行数，对话框中的其他选项保持不变，然后单击"确定"按钮，在文档中插入点位置将会插入一个指定行数和列数的标准表格。

（3）在"插入表格"对话框还可以进行以下设置。

① 在"固定列宽"数值框中可以设置各列的宽度，系统默认模式为"自动"，即表格占满整行，各列平分文档版心宽度。

② 若选择"根据内容调整表格"单选按钮，可以根据单元格中内容自动调整列宽。

③ 若选择"根据窗口调整表格"单选按钮，可以根据文档窗口的宽度调整表格各列的宽度。

④ 若勾选"为新表格记忆此尺寸"复选框，可以在下次使用"插入表格"命令时使用已设定的行数、列数和列宽等参数。

也可以手工绘制表格，但操作比较烦琐，通常先插入一个标准表格，然后根据需要，绘制少量的表格线或删除不必要的表格线。

2. 表格中的插入和删除

（1）表格中的插入操作。

扫描二维码，查看电子活页中的内容，打开已插入表格的 Word 文档"素质银行各支行主要积分项目.docx"，尝试用电子活页中介绍的表格中的多种插入操作方

电子活页 1-9

Word 文档表格中的
插入操作

法，完成插入行、插入列、插入单元格、插入表格等操作。

（2）表格中的删除操作。

扫描二维码，查看电子活页中的内容，打开已插入表格的 Word 文档"素质银行各支行主要积分项目.docx"，尝试用电子活页中介绍的表格中的多种删除操作方法，完成删除一行、删除一列、删除单元格、删除表格、删除表格中的内容等操作。

3. 合并与拆分单元格

扫描二维码，查看电子活页中的内容，打开已插入表格的 Word 文档"素质银行各支行主要积分项目.docx"，尝试用电子活页中介绍的在 Word 文档中合并与拆分单元格操作方法，完成单元格的合并、单元格的拆分、表格的拆分等操作。

4. 表格内容输入与编辑

在表格中的每个单元格都可以输入文本、插入图片或者插入嵌套表格。单击需要输入内容的单元格，然后输入文本、插入图片或插入嵌套表格，其方法与在文档中的操作相同。

若需要修改某个单元格中的内容，只需单击该单元格，将插入点置于该单元格内，在该单元格中选中文本，然后进行修改或删除，也可以复制或剪贴文本，其方法与在文档中的操作相同。

电子活页 1-10

Word 文档表格中的删除操作

电子活页 1-11

在 Word 文档中合并与拆分单元格

5. 表格中数值计算与数据排序

Word 提供了简单的表格计算功能，即使用公式来计算表格单元格中的数值。

（1）表格行、列的编号。

Word 表格中的每个单元格都对应着一个唯一的编号，编号的方法是以字母 A、B、C、D、E 等表示列，以 1、2、3、4、5 等表示行，每个单元格都对应着一个唯一的编号如图 1-62 所示。

	A	B	C	D	E
1					
2					
3					
4					
5					

图 1-62　每个单元格都对应着一个唯一的编号

单元格地址由单元格所有的列号和行号组成，如 B3、C4 等。有了单元格编号，就可以方便地引用单元中的数字进行计算，如 B3 表示第 2 列第 3 行对应的单元格，C4 表示第 3 列第 4 行对应的单元格。

（2）表格中单元格的引用。

引用表格中的单元格时，对于不连续的多个单元格，各个单元地址之间使用半角逗号","分隔，如"B3,C4"。对于连续的单元格区域，以区域左上角单元格为起始单元格地址，以区域右下角单元格为终止单元格地址，两者之间使用半角冒号":"分隔，如"B2:D3"。对于行内的单元格区域，使用"行内第 1 个单元格地址:行内最后 1 个单元格地址"的形式引用。对于列内的单元格区域，使用"列内第 1 个单元格地址:列内最后 1 个单元格地址"的形式引用。

（3）表格中应用公式计算。

表格中常用的计算公式有算术公式和函数公式两种，公式的第 1 个字符必须是半角等号"="，各种运算符和标点符号必须是半角字符。

① 应用算术公式计算

算术公式的表示方法为：

=单元格地址 1 运算符 单元格地址 2……

② 应用函数公式计算

函数公式的表示方法为：

$$=函数名称（单元格区域）$$

常用的函数有 SUM（求和）、AVERAGE（求平均值）、COUNT（求个数）、MAX（求最大值）和 MIN（求最小值）。表示单元格区域的参数有 ABOVE（插入点上方各数值单元格）、LEFT（插入点左侧各数值单元格）、RIGHT（插入点右侧各数值单元格）。例如，计算商品总数量的公式可以使用 SUM（ABOVE），即表示计算插入点上方各数值之和。

（4）表格中数据排序。

排序是指将一组无序的信息按从小到大或从大到小的顺序排列。字母的升序按照从 A 到 Z 排列，降序则按照从 Z 到 A 排列；数字的升序按照数值从小到大排列，降序则按照数值从大到小排列；日期的升序按照从最早的日期到最晚的日期排列，降序则按照从最晚的日期到最早的日期排列。

将光标移动到表格中任意一个单元格中，单击"表格工具-布局"选项卡"数据"组的"排序"按钮，打开"排序"对话框。在该对话框的"主要关键字"下拉列表框中选择排序关键字，如"（列1）"，在"类型"下拉列表框中选择"数字"类型，排序方式选择"降序"，"排序"设置如图 1-63 所示，最后单击"确定"按钮实现降序排序。

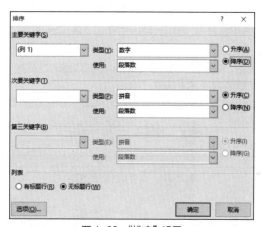

图 1-63 "排序"设置

项目 1.4 Word 文档操作进阶——行动力提升的法宝

本项目主要介绍创建与应用样式与模板、邮件合并功能、插入并编辑页眉页脚等进阶操作。学习本项目的内容不仅能实现文档操作的效率提升，还能大大拓宽 Word 的使用场景。

1.4.1 任务：创建与应用"通知"文档中的样式与模板

精彩的文艺活动是许多人校园生活中难忘的回忆。随着个人能力的提升，我们可能从活动的参与者逐渐成长为活动的组织者，那么如何成为一个富有行动力的组织者呢？掌握 Word 文档进阶操作非常有用。本任务以常见的活动通知制作为例，展示如何高效地完成文档制作。

【任务描述】

打开 Word 文档"关于举办青春健康·生命之舞选拔项目的通知.docx"，按照以下要求完成相应的操作。

（1）设置字体、段落格式和大纲级别。

① 设置通知标题。字体为"宋体"，字号为"三号"，字形为"加粗"，"居中"对齐，行距为"最小值28磅"，段前间距为"6磅"，段后间距为"1行"，大纲级别为"1级"。

② 设置通知称呼。字体为"宋体"，字号为"小三号"，行距为"固定值28磅"，"无缩进"，大纲级别为"正文文本"。

③ 设置通知正文。字体为"宋体"，字号为"小三号"，"首行缩进2字符"，行距为"固定值28磅"，大纲级别为"正文文本"。

④ 设置通知署名。字体为"宋体"，字号为"三号"，行距为"1.5倍行距"，"右对齐"，大纲级别为"正文文本"。

⑤ 设置通知日期。字体为"宋体"，字号为"小三号"，行距为"1.5倍行距"，"右对齐"，大纲级别为"正文文本"。

⑥ 设置文件头。字体为"宋体"，字号为"小初"，字形为"加粗"，颜色为"红色"，行距为"单倍行距"，"居中"对齐，字符间距为"加宽10磅"。

（2）应用自定义的样式。

① 文件头应用样式"文件头"，通知标题应用样式"通知标题"。

② 通知称呼应用样式"通知称呼"，通知正文应用样式"通知正文"。

③ 通知署名应用样式"通知署名"，通知日期应用样式"通知日期"。

（3）制作文件头。

在文件头位置插入水平线段，并设置其线型为由粗到细的双线，线宽为4.5磅，长度为15.88厘米，颜色为红色，文件头的外观效果如图1-64所示。

软 件 学 院

图1-64　文件头的外观效果

（4）制作印章。

在"通知"落款位置插入印章，如图1-65所示，设置印章的高度为4.05厘米，宽度为4厘米。

（5）创建模板。

利用Word文档"关于举办青春健康·生命之舞选拔项目的通知.docx"创建模板"通知模板.docx"，并保存在同一文件夹。

完成以上操作后，打开Word文档"关于举办青春健康·生命之舞选拔项目的通知 2.docx"，然后加载模板"通知模板.docx"，利用模板"通知模板.docx"中的样式分别设置通知标题、称呼、正文、落款的格式。

图1-65　印章

说明：通知的内容一般包括标题、称呼、正文和落款，其写作要求如下。

① 标题：写在第1行正中。可以只写"通知"二字，如果事情重要或紧急，也可以写"重要通知"或"紧急通知"。可以在"通知"前面写上发通知的单位名称，还可以写上通知的主要内容。

② 称呼：写被通知者的姓名、职称或单位名称，在第2行顶格写。有时，因通知事项简短，内容单一，也可略去称呼，直接开始正文。

③ 正文：另起一行，空两格写正文。正文要写清开会的时间、地点、参加会议的对象，以及开什么会，要写清要求。如果正文是布置工作的通知，要写清所通知事件的目的、意义，以及具体要求。

④ 落款：分两行写在正文右下方，一行为署名，一行为日期。

⑤ 通知一般采用条款式行文，简明扼要，使被通知者能一目了然，便于遵照执行。

【示例演练】

在开始任务前，请查看电子活页中的内容，学习如何在 Word 文档中创建与应用模板。

电子活页 1-12

在 Word 文档中创建
与应用模板

【任务实现】

打开 Word 文档"关于举办青春健康·生命之舞选拔项目的通知.docx"。

1. 设置字体、段落格式和大纲级别

在"开始"选项卡"样式"组中单击右下角的"样式"按钮，弹出"样式"窗格，单击其中的"新建样式"按钮，打开"根据格式化创建新样式"对话框，按以下步骤创建新样式。

（1）在"名称"文本框中输入新样式的名称"通知标题"。

（2）在"样式类型"下拉列表框中选择"段落"。

（3）在"样式基准"下拉列表框中选择新样式的基准样式，这里选择"正文"。

（4）在"后续段落样式"下拉列表框中选择"通知标题"。

（5）在"格式"区域设置字符格式和段落格式。这里设置字体为"宋体"、字号为"小二号"、字形为"加粗"、对齐方式为"居中"。

（6）在对话框中单击左下角"格式"按钮，在弹出的下拉列表框中选择"段落"选项，打开"段落"对话框，在该对话框中设置行距为"最小值 28 磅"，段前间距为"6 磅"，段后间距为"1 行"，大纲级别为 1 级。然后单击"确定"按钮返回"根据格式化创建新样式"对话框。

（7）勾选"添加到样式库"复选框，将创建的样式添加到样式库中。然后勾选"自动更新"复选框，这样如果该样式进行了修改，则所有套用该样式的内容将同步进行自动更新。

（8）单击"确定"按钮完成新样式定义并关闭该对话框，新创建的样式"通知标题"便显示在"样式"列表中。

（9）应用上述方法，创建"通知小标题""通知称呼""通知正文""通知署名""通知日期"和"文件头"等多个自定义样式。

2. 应用自定义的样式

（1）在"样式"窗格单击"管理样式"按钮，打开"管理样式"对话框。

（2）在"管理样式"对话框中单击"修改"按钮，打开"修改样式"对话框，在该对话框中对样式的属性和格式等方面进行修改，修改方法与新建样式类似。单击"确定"按钮完成修改样式并关闭该对话框。

（3）选中文档中需要应用样式的通知标题"关于举办青春健康·生命之舞选拔项目的通知"，然后在"样式"窗格"样式"列表中选择所需要的样式"通知标题"。

（4）应用上述方法依次选中"通知小标题""通知称呼""通知正文""通知署名""通知日期"和"文件头"，分别应用对应的自定义样式。

3. 制作文件头

（1）在"插入"选项卡"插图"组单击"形状"按钮，在弹出的下拉列表框中选择"直线"，然后在文件头位置绘制一条水平线条。选择该线条，在"绘图工具-形状格式"选项卡"大小"组中设置线条宽度为 15.88 厘米。

（2）在该线条上单击鼠标右键，在弹出的快捷菜单中选择"设置形状格式"选项，在弹出的"设置形状格式"窗格"线条"组下，将"颜色"设置为"红色"，"宽度"设置为"4.5 磅"，"复合类型"设置

为"由粗到细"，在"设置形状格式"窗格中设置线条参数如图 1-66 所示。

图 1-66　在"设置形状格式"窗格中设置线条参数

4．制作印章

将光标置于通知的落款位置，在"插入"选项卡"插图"组单击"图片"按钮，选择"此设备"选项在弹出的"插入图片"对话框中选择印章图片，然后单击"插入"按钮，即可插入印章图片。选中该印章图片，在"图片工具-格式"选项卡"大小"组中将"高度"设置为"4.05 厘米"，"宽度"设置为"4 厘米"。Word 文档"关于举办青春健康·生命之舞选拔项目的通知.docx"的最终设置效果如图 1-67 所示。

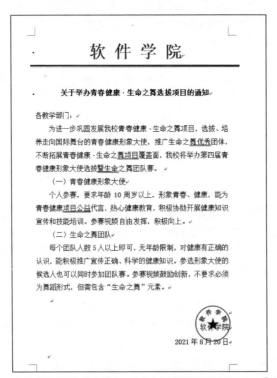

图 1-67　Word 文档"关于举办青春健康·生命之舞选拔项目的通知.docx"的最终设置效果

5. 创建模板

（1）选择"文件"选项卡中的"另存为"选项，单击"浏览"按钮，打开"另存为"对话框。在该对话框中将保存位置设置为"此电脑\文档\信息技术"，在"保存类型"下拉列表框中选择"Word 模板"，在"文件名"中输入模板的名称"通知模板"，如图 1-68 所示。然后单击"保存"按钮，即创建了新的模板。

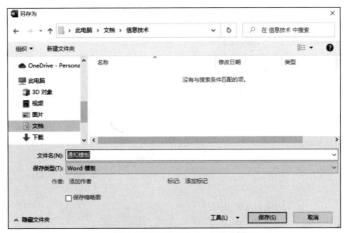

图 1-68　输入模板的名称"通知模板"

（2）打开文档与加载自定义模板。

① 打开 Word 文档"关于举办青春健康·生命之舞选拔项目的通知 2.docx"。

② 在"文件"选项卡中选择"选项"选项，打开"Word 选项"对话框，在该对话框中选择"加载项"选项，然后在"管理"下拉列表框中选择"模板"选项，单击"转到"按钮，打开"模板和加载项"对话框。

③ 在"模板和加载项"对话框中的"文档模板"区域单击"选用"按钮，打开"选用模板"对话框，在该对话框中选择文件夹"此电脑\文档\信息技术"中的模板"通知模板"，然后单击"打开"按钮，返回"模板和加载项"对话框。

④ 在"模板和加载项"对话框中"共用模板及加载项"区域单击"添加"按钮，打开"添加模板"对话框，在该对话框中选择文件夹"此电脑\文档\信息技术"中的模板"通知模板"，如图 1-69 所示。

图 1-69　选择文件夹"此电脑\文档\信息技术"中的模板"通知模板"

⑤ 单击"确定"按钮返回"模板和加载项"对话框，将所选的模板添加到模板列表中。在"模板和加载项"对话框中，勾选"自动更新文档样式"复选框，如图 1-70 所示，每次打开文档时自动更新活动文档的样式以匹配模板样式。

图 1-70　勾选"自动更新文档样式"复选框

⑥ 单击"确定"按钮，当前文档将会加载所选用的模板。

（3）在文档"关于举办青春健康·生命之舞选拔项目的通知 2.docx"中应用加载模板中的样式。

选中 Word 文档"关于举办青春健康·生命之舞选拔项目的通知 2.docx"中的通知标题"关于举办青春健康·生命之舞选拔项目的通知"，然后在"样式"窗格"样式"列表中选择所需要的样式"通知标题"。

应用上述方法依次选中"通知小标题""通知称呼""通知正文""通知署名""通知日期"和"文件头"，分别应用对应的自定义样式。

（4）保存文档。

单击快速访问工具栏中的"保存"按钮⊞，对 Word 文档"关于举办青春健康·生命之舞选拔项目的通知 2.docx"进行保存操作。

1.4.2　任务：利用邮件合并功能制作并打印社团活动邀请函

在组织开展活动时，制作和发出活动邀请函（请柬）是不可或缺的环节。制作邀请函能够有效地提高行动力，下面将通过制作"十大歌手"大赛活动邀请函，展示邮件合并功能的强大之处。

视频 1-6

文档的进阶操作方法
展示 1

【任务描述】

以 Word 文档"请柬.docx"作为主文档，完成以下操作。

（1）打开主文档。打开"素材"文件夹中的"请柬.docx"作为邮件合并的主文档。

（2）建立数据源。可以打开"素材"中的"邀请单位名单"作为素材，也可以自行尝试在 Excel 中建立作为数据源的 Excel 文档"邀请单位名单.xlsx"，输入序号、单位名称、联系人姓名、称呼等数据，保存备用。

（3）使用"邮件合并"功能。以"邀请单位名单.xlsx"作为数据源，使用 Word 的邮件合并功能，制作校园十大歌手大奖赛请柬，然后打印请柬。其中"联系人姓名"和"称呼"利用邮件合并功能动态获取。要求插入 2 个域的主文档外观如图 1-71 所示。

请柬

《联系人姓名》《称呼》：

　　感谢您一直以来对我院工作的大力支持，兹定于 20××年 12 月 18 日在学校会议中心隆重举行"XX 杯"第 X 届校园十大歌手大奖赛，敬请您光临指导。

软件学院

20××年 12 月 6 日

图 1-71　插入 2 个域的主文档外观

【示例演练】

除了批量生成文件，信封封面也可以进行批量制作和生成。请查看电子活页，学习 Word 信封封面制作。

通过批量制作邀请函、节日贺卡等形式，多加练习。

【任务实现】

电子活页 1-13

Word 邮件封面
制作

1. 打开主文档

打开"素材"文件夹中的"请柬.docx"作为邮件合并的主文档。

2. 建立数据源

在 Excel 中建立作为数据源的 Excel 文档"邀请单位名单.xlsx"，输入序号、单位名称、联系人姓名、称呼等数据，保存备用。

3. 使用"邮件合并"功能

（1）选择数据源。

① 单击"邮件"选项卡"开始邮件合并"组中的"开始邮件合并"选项，在弹出的下拉列表框中选择"邮件合并分步向导"选项，如图 1-72 所示。弹出"邮件合并"窗格，如图 1-73 所示。

图 1-72　选择"邮件合并分步向导"选项

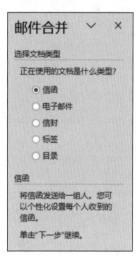

图 1-73　"邮件合并"窗格

② 在"邮件合并"窗格"选择文档类型"单选按钮组中，选择"信函"，然后单击"下一步：开始文档"超链接，进入"选择开始文档"步骤。由于事前准备好了所需的 Word 文档，这里直接选择默认项"使用当前文档"，单击"下一步：选择收件人"超链接，进入"选择收件人"步骤，如图 1-74 所示。

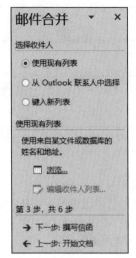

图 1-74 "选择收件人"步骤

③ 由于事前准备好了所需的 Excel 文件即数据源电子表格，所以在"选择收件人"区域选择默认项"使用现有列表"即可。如果没有数据源，可以在此新建列表。单击"使用现有列表"下方的"浏览"超链接，打开"选择数据源"对话框，在该对话框中选择现有的 Excel 文件"邀请单位名单"，"选择数据源"对话框如图 1-75 所示。

图 1-75 "选择数据源"对话框

④ 单击"打开"按钮，打开"选择表格"对话框，选择"Sheet1$"表格，"选择表格"对话框如图 1-76 所示。

图 1-76 "选择表格"对话框

⑤ 单击"确定"按钮，打开"邮件合并收件人"对话框，在该对话框中选择所需的"收件人"，对不需要的数据取消选中状态即可，"邮件合并收件人"对话框如图 1-77 所示。

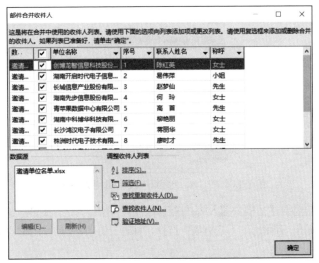

图 1-77 "邮件合并收件人"对话框

⑥ 单击"确定"按钮返回"邮件合并"窗格，该窗格"使用现有列表"区域会显示当前的收件人列表，如图 1-78 所示。

（2）插入合并域。

① 在"邮件合并"窗格中单击"下一步：撰写信函"，进入"撰写信函"步骤，如图 1-79 所示。

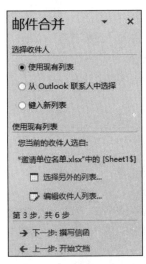

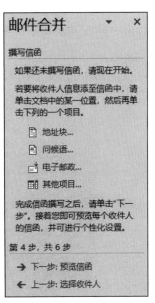

图 1-78 在"邮件合并"窗格中显示当前的收件人列表 　　　　图 1-79 进入"撰写信函"步骤

② 将光标插入点定位到主文档中插入域的位置，在"撰写信函"区域单击"其他项目"超链接，弹出"插入合并域"对话框。在"域"列表框中选择"联系人姓名"，如图 1-80 所示，然后单击"插入"按钮，在主文档光标位置插入域"联系人姓名"。接着关闭"插入合并域"对话框。

图1-80　在"域"列表框中选择"联系人姓名"

③ 将光标插入点定位到主文档中插入域"联系人姓名"之后，单击"邮件"选项卡"编写和插入域"组的"插入合并域"按钮，在弹出的下拉列表中选择"称呼"选项，如图 1-81 所示，在主文档光标位置插入域"称呼"。

图1-81　选择"称呼"选项

（3）完成合并。

① 单击"邮件合并"窗格中"下一步：预览信函"超链接，进入"预览信函"，如图 1-82 所示。

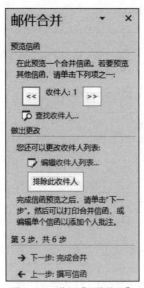

图1-82　进入"预览信函"

② 在该窗格中单击"下一个"按钮 >> ，可以在主控文档中查看下一个收件人信息，单击"上一个"按钮 << 可以在主文档中查看上一个收件人信息。

在该窗格中也可以单击"查找收件人"超链接，打开"查找条目"对话框，并在该对话框中选择域预览信函，还可以编辑收件人列表等。

③ 单击"下一步：完成合并"超链接，进入"完成合并"步骤，如图 1-83 所示，至此完成了邮件合并操作，关闭"邮件合并"窗格即可。

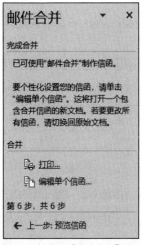

图 1-83　进入"完成合并"步骤

（4）预览文档。

① 邮件合并操作完成后，在"邮件"选项卡"预览结果"组单击"预览结果"按钮，如图 1-84 所示，进入预览状态。

图 1-84　单击"预览结果"按钮

② 单击"下一记录"按钮▶，预览第 2 条记录，如图 1-85 所示。

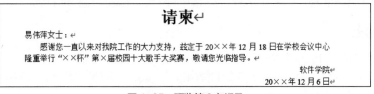

图 1-85　预览第 2 条记录

③ 还可以单击"上一记录"按钮◀，查看当前记录的前一条记录的联系人姓名和称呼。单击"首记录"按钮 ◀ 可以查看第一条记录的联系人姓名和称呼，单击"尾记录"按钮 ▶ 可以查看最后一条记录的联系人姓名和称呼。

（5）合并到新文档。

① 单击"邮件"选项卡"完成"组的"完成并合并"按钮，在弹出的下拉列表中选择"编辑单个文档"选项，如图 1-86 所示。

图1-86 在"完成并合并"下拉列表中选择"编辑单个文档"选项

② 在打开的"合并到新文档"对话框中选择"全部"单选按钮，如图1-87所示，然后单击"确定"按钮。

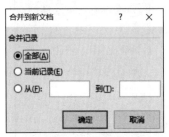

图1-87 在"合并到新文档"对话框中选择"全部"单选按钮

③ 此时会自动生成一个新文档，该文档包括数据源"邀请单位名单.xlsx"中所有被邀请对象的请柬信息。单击"保存"按钮，以名称"所有请柬"保存新文档，"所有请柬"文档效果如图1-88所示。

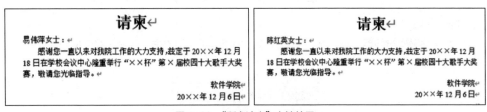

图1-88 "所有请柬"文档效果

1.4.3 任务：插入和编辑页眉、页脚

在进行大量的文字处理时，往往需要对文字进行分页、编码等操作。通过本任务，我们可以学习文档的分页、插入和编辑页眉、设置页码等方法，最终制作出一本独具特色的宣传册。

【任务描述】

打开Word文档"打造品牌学生活动的新思考.docx"，完成以下操作。

（1）插入封面。插入Word文档自带的封面模板"平面"。"文档标题"为"打造品牌学生活动的新思考"，"副标题"为"开展活动的创新思维与方法"。

（2）设置字体。将文章标题"怎样让学生活动更'有意思'""两种重要的思维方法"等4个标题字体设置为"仿宋"、字号设置为"三号"、字形为"加粗"。将正文字体设置为"宋体"、字号设置为"小四"。

（3）设置分页。使用"分页"操作，使四篇文章的标题及内容都始终显示在下一页。

（4）设置页眉。在页眉输入"打造品牌学生活动的新思考"，字体设置为"宋体"、字号设置为"小五号"，对齐方式为"居中"。将页面设置为"首页不同"。

（5）插入页码。页码格式为"页面底端-普通数字 2"。

（6）将文档另存为 PDF 格式。

电子活页 1-14

Word 文档分页与
分节

【示例演练】

　　任务开始前，让我们先来熟悉 Word 文档分页与分节操作相关内容。请查看电子活页，熟悉相关操作。

【任务实现】

1. 插入封面

　　（1）在"插入"选项卡"页面"组中选择"封面"按钮，弹出下拉列表框，选择任一选项，此处选择"平面"。

　　（2）在"文档标题"处输入"打造品牌学生活动的新思考"，"副标题"处输入"开展活动的创新思维与方法"，删除"摘要"和"作者"内容。封面效果如图 1-89 所示。

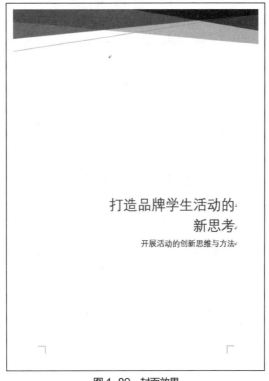

图 1-89　封面效果

2. 设置字体

　　（1）长按键盘"Ctrl"键，选中"怎样让学生活动更'有意思'""两种重要的思维方法""品牌活动的评价标准和相关原则""品牌活动的创新原则和方法"，然后在"开始"选项卡"字体"组中选择"宋体"，字号设置为"三号"，字形设置为"加粗"。

　　（2）选中"怎样让学生活动更'有意思'"标题下的正文，将字体设置为"宋体"，字号设置为"小四"。

　　（3）选中"怎样让学生活动更'有意思'"标题下的正文内容，双击"开始"选项卡"剪贴板"组中的"格式刷"按钮，鼠标指针显示为，分别选中余下三篇文章的正文，将它们设置为相同的字体和字号。设置完成后再次单击"格式刷"按钮，退出使用格式刷。设置字体完成后的效果如图 1-90 所示。

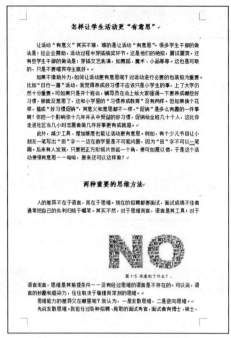

图 1-90　设置字体完成后的效果

3. 设置分页

（1）将鼠标光标定位在"两种重要的思维方法"的前面，鼠标光标定位如图 1-91 所示。

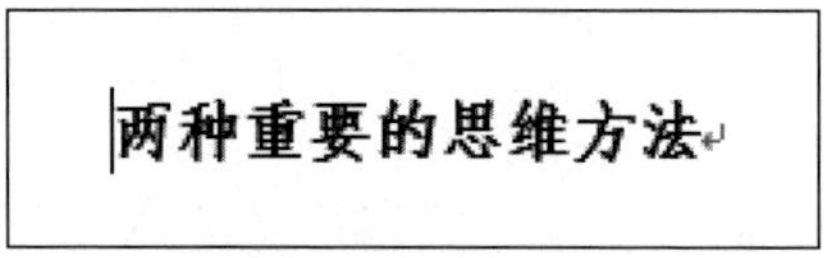

两种重要的思维方法

图 1-91　鼠标光标定位

（2）打开"插入"选项卡"页面"组中的"分页"按钮，文章从此处重启一页。

（3）对余下两篇文章进行同样的操作。分页完成效果如图 1- 92 所示。

图 1-92　分页完成效果

4. 设置页眉

（1）单击"插入"选项卡"页眉和页脚组"组中的"页眉"按钮，在弹出的下拉列表框中选择"空白页眉"选项。

（2）单击页眉中部的文字键入框，输入文字内容"打造品牌学生活动的新思考"，字体设置为"宋体"，字号设置为"小五号"，对齐方式为"居中"。

（3）打开"页眉和页脚工具-设计"选项卡，在"选项"组中勾选"首页不同"，如图 1-93 所示。完成后，页眉将不在第一页封面中显示。

图 1-93　勾选"首页不同"

5. 插入页码

打开"插入"选项卡"页眉和页脚"组选择"页码"按钮，在下拉列表框中选择"页面底端-普通数字 2"选项，完成页码的插入。

6. 另存为 PDF 格式

打开"文件"选项卡，单击"另存为"选项，单击"浏览"按钮，在弹出的"另存为"对话框中选择保存类型为"PDF"。另存为的 PDF 效果如图 1-94 所示。

图 1-94　PDF 效果

1.4.4　知识讲解

在前边的任务中，我们已经掌握字符格式和段落格式的设置方法，现在让我们来学习设置页面边框、设置页眉和页脚、应用样式设置文档格式、创建与应用目录、批量制作文档、设置文档保护的操作技巧。

1. 设置页面边框

设置页面边框就是在页面四周可以添加边框，方法如下。

（1）单击"布局"选项卡"页面设置"组中的"页面设置"按钮，弹出"页面设置"对话框，单击"布局"选项卡中的"边框"按钮，打开"边框和底纹"对话

视频 1-7

文档的进阶操作方法展示 2

框的"页面边框"选项卡，如图 1-95 所示。

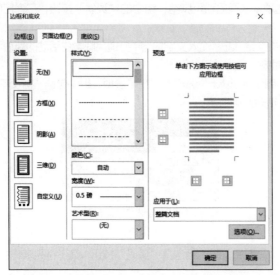

图 1-95　"边框和底纹"对话框的"页面边框"选项卡

（2）在"页面边框"选项卡中，可以选择"边框类型""样式""颜色""宽度""艺术型"等参数，还可以单击"选项"按钮，在打开的"边框和底纹选项"对话框中设置参数，"边框和底纹选项"对话框如图 1-96 所示。

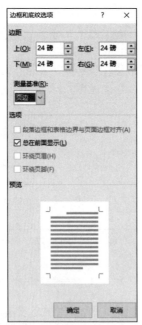

图 1-96　"边框和底纹选项"对话框

（3）页面边框的格式设置完成后，单击"确定"按钮即可完成设置。

2. 设置页眉和页脚

"页眉和页脚"组中包含页眉、页脚和页码。Word 文档中通常都需要插入与设置页眉、页脚和页码，插入与设置页眉、页脚和页码的方法如下。

（1）插入页码。

单击"插入"选项卡"页眉和页脚"组的"页码"按钮，在弹出的下拉列表框中选择页码的页面位置、对齐方式和形式。

（2）设置页码格式。

在"页码"下拉列表框中选择"设置页码格式"选项，打开"页码格式"对话框，在"编号格式"下拉列表框中选择一种合适的编号格式，在"页码编号"区域选择"续前节"或"起始页码"单选项。然后单击"确定"按钮关闭该对话框，完成页码格式设置。

Word 文档的页眉，如图 1-97 所示，出现在每一页的顶端。

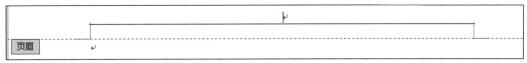

图 1-97　Word 文档的页眉

Word 文档的页脚，如图 1-98 所示，出现在每页的底端。一般页眉的内容可以为章标题、文档标题、页码等内容，页脚的内容通常为页码。页眉和页脚分别在主文档上、下页边距线之外，不能与主文档同时编辑，需要单独进行编辑。

图 1-98　Word 文档的页脚

（3）插入页眉和页脚。

单击"插入"选项卡"页眉和页脚"组的"页眉"按钮，在弹出的下拉列表框中单击"编辑页眉"选项，如图 1-99 所示，进入页眉的编辑状态，显示"页眉和页脚工具-页眉和页脚"选项卡，同时光标自动置于页眉位置，在页眉区域输入页眉内容即可。

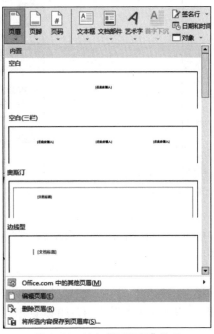

图 1-99　单击"编辑页眉"选项

利用"页眉和页脚工具-页眉和页脚"选项卡的工具可以在页眉或页脚插入标题、页码、日期和时间、文档部件、图片等内容。

单击"页眉和页脚工具-页眉和页脚"选项卡"导航"组中的"转至页眉"或"转至页脚"按钮，可以很方便地在页眉和页脚之间进行切换。光标切换到页脚位置，在页脚区域内可以输入页脚内容，如页码等。

> **提示** "页眉和页脚工具-页眉和页脚"选项卡中"选项"组的"显示文档文字"复选框用于显示或隐藏文档中的文字。"导航"组的"链接到前一节"按钮用于在不同节中设置相同或不同的页眉或页脚，"上一条"按钮用于切换到前一节的页眉或页脚，"下一条"按钮用于切换到后一节的页眉或页脚。

（4）设置页眉和页脚的格式。

页眉和页脚内容也可以进行编辑修改和格式设置，如设置对齐方式等，其编辑方法和格式设置方法与在 Word 文档页面编辑区中编辑和设置格式的方法相同。

页眉和页脚设置完成后，在"页眉和页脚"选项卡"关闭"组中单击"关闭页眉和页脚"按钮，即可返回文档页面。

3. 应用样式设置文档格式

（1）查看样式及相关对话框。

在"开始"选项卡"样式"组右下角单击"样式"按钮，在弹出的"样式"窗格中可以查看样式名称，"样式"窗格如图 1-100 所示。

在"样式"窗格单击"选项"按钮，打开"样式窗格选项"对话框如图 1-101 所示。

图 1-100 "样式"窗格

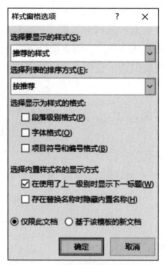

图 1-101 "样式窗格选项"对话框

（2）定义样式。

在"样式"窗格中单击"新建样式"按钮，打开"根据格式化创建新样式"对话框，如图 1-102 所示，在该对话框中即可创建新样式。

（3）修改样式。

在"样式"窗格单击"管理样式"按钮，打开"管理样式"对话框。在该对话框中单击"修改"按钮，打开"修改样式"对话框，在该对话框中可以对样式的属性和格式等方面进行修改，修改方法与新建样式类似。

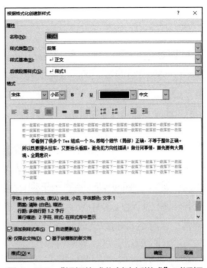

图 1-102 "根据格式化创建新样式"对话框

（4）应用样式。

选中文档中需要应用样式的文本内容，然后在"样式"窗格"样式"列表中选择所需要的样式即可。

4. 创建与应用目录

在 1.4.1 任务中，我们已经学习过如何设置和应用样式，在完成样式设置后，就可以生成目录了。单击"引用"选项卡，单击"目录"组中的"目录"按钮，弹出下拉列表框，选择目录的样式，"目录"组中的"目录"按钮如图 1-103 所示。

图 1-103 "目录"组中的"目录"按钮

也可以单击"目录"下拉列表框中的"自定义目录"选项打开"目录"选项卡，对目录进行自定义设置，如图 1-104 所示。

图 1-104 对目录进行自定义设置

5. 批量制作文档

（1）初识"邮件合并"。

"邮件合并"这个名称最初是在批量处理"邮件文档"时提出的。具体地说就是在邮件文档（主文档）的固定内容中，合并与发送信息相关的一组通信地址资料（数据源可以为 Excel 表、Access 数据表等），批量生成需要的邮件文档，从而大大提高工作的效率，"邮件合并"因此而得名。

"邮件合并"除了可以批量处理信函、信封等与邮件相关的文档外，还可以批量制作标签、工资条、成绩单等文件。

"邮件合并"功能一般在以下情况下使用：一是需要制作的文档数量比较多；二是这些文档内容分为固定不变的内容和变化的内容，例如信封上的寄信人地址和邮政编码、信函中的落款等，这些都是固定不变的内容；而收信人的姓名、称谓、地址、邮政编码等就属于变化的内容。其中变化的部分由数据表中含有标题行的数据记录表示，通常存储在 Excel 表中或 Access 数据表中。

什么是含有标题行的数据记录呢？通常这样的数据表由字段列和记录行构成，字段列规定该列存储的信息，每条记录行存储着一个对象的相应信息。如"客户信息"表中包含"客户姓名"字段，每条记录则存储着每个客户的相应信息。

（2）"邮件合并"主要过程。

借助 Word 提供的"邮件合并"功能，可以轻松、准确、快速地完成制作大量信函、信封或者工资条的任务，其主要注意事项如下。

① 建立主文档

主文档就是固定不变的主体内容，如给不同收信人的信函中的落款都是不变的内容。使用邮件合并之前先建立主文档是一个很好的习惯，一方面可以考查预计的工作是否适合使用邮件合并，另一方面为数据源的建立或选择提供了标准和思路。

② 准备数据源

数据源就是含有标题行的数据记录表，其中包含相关的字段和记录内容。数据源表格的格式可以是 Word、Excel、Access 等。

在实际工作中，数据源通常是现成的，如要制作大量客户信封。多数情况下，客户信息早已做成了 Excel 表格，其中含有制作信封需要的"姓名""地址""邮政编码"等字段，我们将这些字段直接拿过来使用就可以了，不必重新制作。也就是说，在准备自己建立数据源之前要先考查一下是否有现成的数据源可用，如果没有现成的数据源，则要根据主文档的要求，使用 Word、Excel、Access 建立数据源。实际工作时，常常使用 Excel 制作数据源。

（3）把数据源合并到主文档中。

前面两个步骤都完成之后，就可以将数据源中的相应字段合并到主文档的固定内容之中了，表格中记录的行数决定着主文件生成的份数。

利用"邮件"选项卡中各项功能，完成邮件合并的相关操作，"邮件"选项卡如图 1-105 所示。

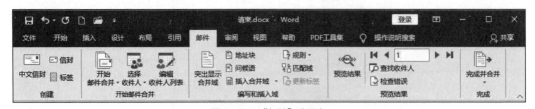

图 1-105 "邮件"选项卡

6. 设置文档保护

当 Word 文档处于保护状态时，文档内容不能复制、粘贴。

（1）设置文档保护。

打开 Word 文档，单击"审阅"选项卡"保护"组的"限制编辑"按钮，如图 1-106 所示，打开"限制编辑"窗格。

图 1-106　"限制编辑"按钮

① 格式化限制

在该窗格中"格式化限制"区域选定"限制对选定的样式设置格式"复选框，然后单击"设置"超链接，打开"格式设置限制"对话框，在该对话框中选择需要限制的样式，然后单击"确定"按钮即可。

然后单击"启动强制保护"区域的"是，启动强制保护"按钮，弹出"启动强制保护"对话框，然后在"新密码"和"确认新密码"文本框输入强制保护密码，单击"确定"按钮，完成设置格式化限制的操作。

② 编辑限制

在"编辑限制"区域选择"仅允许在文档中进行此类型的编辑"复选框，然后单击"启动强制保护"区域的"是，启动强制保护"按钮，弹出"启动强制保护"对话框，然后在"新密码"和"确认新密码"文本框输入强制保护密码，单击"确定"按钮，完成设置编辑限制的操作。

（2）取消文档保护。

打开 Word 文档，单击"审阅"选项卡"保护"组的"限制编辑"按钮，打开"限制编辑"窗格。在该窗格单击下方的"停止保护"按钮，在打开的"取消保护文档"对话框的"密码"输入框中输入设置的保护密码，再单击"确定"按钮，返回到 Word 文档，即可对 Word 文档再进行编辑。

项目 1.5　多人协同和编辑文档——行动力提升的秘密武器

随着 Word 的应用场景越来越广泛，多人协同的功能应运而生。"一人行快，众人行远"，多人协同文档的出现大大提升了编辑效率，减少了复杂的传播过程，提升了协作者的参与感。本项目主要介绍文档的拆分与合并和多人协同工具的运用，帮助我们掌握提升 Word 行动力的秘密武器！

1.5.1　任务：创建在线文档，收集"提升行动力的好点子"

在线文档在日常的学习和生活中发挥着越来越重要的作用。利用在线文档，可以完成文档同步编辑、信息收集等操作。现在就让我们通过收集"提升行动力的好点子"来体验在线文档的便捷与高效吧！

视频 1-8

多人协同和编辑文档

【任务描述】

本任务使用腾讯文档的在线文档功能，包含以下内容。

（1）创建在线文档。在创建的在线文档中插入一个表格，包括姓名、班级、如何提升行动力三个主要内容。

（2）填写表格内容。填写信息并设置格式。

（3）分享在线文档。

（4）导出文档并保存至本地。导出文档，以 docx 的形式将文档保存在本地电脑中。

【示例演练】

在开始任务前，请先打开腾讯文档，熟悉腾讯文档相关功能。腾讯文档于 2018 年推出，是一款支持多人协同的在线文档编辑器，可以建立在线文档、在线表格、在线幻灯片、在线 PDF 和收集表类型，打开网页就能查看和编辑文档，并且在云端实时保存。

【任务实现】

1. 创建在线文档

打开腾讯文档，并且创建在线文档，选择"插入"项中的"表格"选项，如图 1-107 所示，自定义设置行和列。

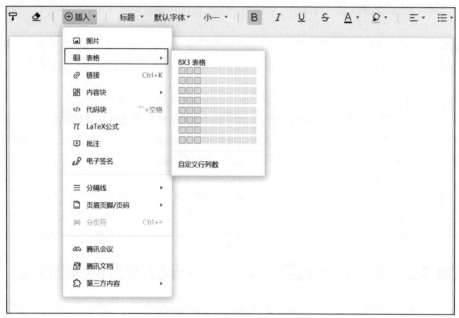

图 1-107 "插入"项中的"表格"选项

2. 填写表格内容

填写表格信息内容，并设置标题、行和列间距，如图 1-108 所示。

提升行动力的好点子			
序号	姓名	班级	提升行动力的点子
1			
2			
3			
4			
5			
6			
7			

图 1-108 设置标题、行和列间距

3. 分享在线文档

单击文档右上方的 <img> 图标，将权限设置为"所有人可编辑"，然后单击"分享文档"，将文档分享给朋友或群组，分享文档如图 1-109 所示。

图 1-109　分享文档

4. 导出文档并保存至本地

单击文档右上方的 <img> 图表，在下拉列表框中选择"导出为"，在弹出的菜单中选择"本地 Word 文档（.docx）"，导出文档并保存至本地，如图 1-110 所示。

图 1-110　导出文档并保存至本地

1.5.2　知识讲解

通过 1.5.1 任务，我们已经对在线文档的基本操作有所了解。在使用在线文档快速收集相关内容后，我们需要对文档进行拆分与合并的操作。现在让我们来学习文档拆分与合并技巧，梳理使用协同编辑工具的方法。

1. 文档拆分与合并

（1）文档拆分。

① 打开 Word 文档，单击"视图"选项卡"视图"组中的"大纲"选项，如图 1-111 所示，进入大纲视图。

图 1-111　"视图"选项卡"视图"组中的"大纲"选项

② 选中需要拆分的文档标题，设置级别，如图 1-112 所示。如果已经对文档进行了样式设置，可以跳过此步骤。进行级别设置后，标题前方会出现"加号"。

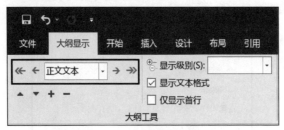

图 1-112 设置显示级别

③ 分别单击需要拆分文档前面的"加号"，如图 1-113 所示，显示"主控文档"组。

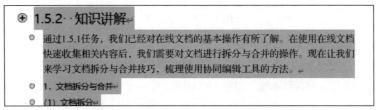

图 1-113 单击需要拆分文档前面的"加号"

④ 单击"主控文档"组中的"创建"按钮来拆分文档，"创建"按钮如图 1-114 所示。

图 1-114 "创建"按钮

⑤ 单击"保存"按钮即可。

（2）文档合并。

① 选择"插入"选项卡"文本"组中的"对象"按钮，如图 1-115 所示，在下拉列表中选择"文件中的文字"选项。

图 1-115 "插入"选项卡"文本"组中的"对象"按钮

② 选择要合并到当前文档中的文件，按住"Ctrl"键可选择多个文档。文档将按文件列表中的显示顺序进行合并。如果要使用其他顺序，可以按所需顺序单独选择和插入每个文件，"插入文件"对话框如图 1-116 所示。

③ 单击"插入"按钮，完成合并操作。

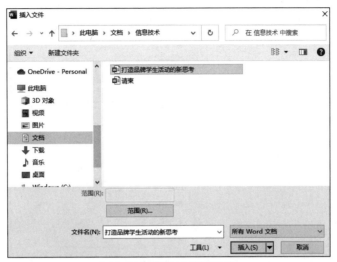

图 1-116 "插入文件"对话框

2. 使用协同编辑工具

随着多人协同编辑文件的需求越来越大，市面上也涌出了许多在线编辑软件。除了可以使用 Office 自带的共享功能外，也可以使用腾讯文档、石墨等在线协作文档工具。下面以腾讯文档为例，对其使用方法进行演示。

打开腾讯文档，登录后单击页面左上角的"新建"按钮，可以选择需要新建的文档类型，如图 1-117 所示。

图 1-117 新建的文档类型

在完成对内容的编辑后，单击页面右上方的"分享"按钮，打开"分享"对话框，将编辑权限调整为"所有人可查看""所有人可编辑"等形式，就可以通过链接、图片、二维码等方式将文档分享给不同人，实现多人查看、协同编辑等功能。

在文档编辑完成后，可以将文档进行导出，选择文档右上角的 ☰ 符号，在下拉列表中选择"导出为"选项，即可将文档导出为多种格式，如图 1-118 所示。

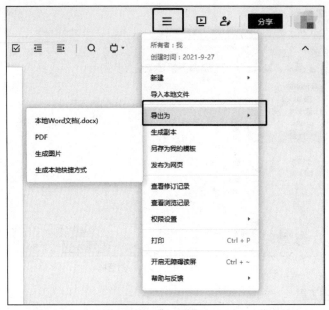

图 1-118　文档导出

1.6　小结

　　本模块通过 5 个项目分别介绍 Word 2016 的文档基本编辑、图片与表格的插入和编辑等操作，并介绍了邮件合并、在线文档的使用等能够有效提升 Word 使用效率的新方法。希望通过本模块的学习，同学们能够掌握 Word 2016 的使用技巧，在提升文档编辑效率的同时也能够在生活与学习中踔厉奋发、勇毅前行，承担起新时代青年的责任，真正成为一名行动派大学生。

1.7　习题

一、单选题

1. 调整字体大小应当在哪里进行？（　　　）

　　A．"开始"选项卡的"段落"组　　　　　　B．"开始"选项卡的"字体"组

　　C．"布局"选项卡的"页面设置"组　　　　D．"文件"选项卡的"打印"选项

2. 以下哪种方式可以插入图片？（　　　）

　　A．在"插入"选项卡"插图"组选择"图片"按钮

　　B．在"插入"选项卡"文本"组选择"文本框"按钮

　　C．通过"页眉和页脚"与"文本框"组合制作

　　D．"图片工具-图片格式"选项的"排列"组

3. 以下哪个操作可以实现邮件合并功能？（　　　）

　　A．使用"插入"选项卡"页眉和页脚"组

　　B．使用"邮件"选项卡的相关功能

　　C．单击"审阅"选项卡"保护"组的"限制编辑"按钮

　　D．在"目录"组"目录"下拉列表框中选择相应的目录版式

4. 如何在文档底部设置页脚？（　　　）

    A. 使用"插入"选项卡"页眉和页脚"组

    B. 使用"邮件"选项卡的相关功能

    C. 单击"审阅"选项卡"保护"组的"限制编辑"按钮

    D. 在"目录"组"目录"下拉列表框中选择相应的目录版式

5. 以下哪些是在线协作工具？（　　　）

    A. 腾讯文档　　　　　　B. 新浪微博　　　　　C. 百度网盘　　　　　D. QQ 音乐

二、多选题

1. 以下哪种情况可以选择使用在线文档？（　　　）

    A. 需要多个人同时对文档进行编辑

    B. 需要收集不同人的观点并让他们能够互相看到

    C. 小组合作共同完成一个文档的不同板块

    D. 只需要个人就可以完成全部文档操作

2. 以下哪种方法可以设置字体格式？（　　　）

    A. 使用"开始"选项卡"字体"组的按钮

    B. 使用"字体"对话框设置

    C. 使用擦除表格线的方法对多个单元格进行合并

    D. 以上都是

3. 以下哪种方法可以合并表格？（　　　）

    A. 使用快捷菜单中的"合并单元格"按钮

    B. 使用功能区"合并单元格"按钮

    C. 使用擦除表格线的方法

    D. 使用 Word 格式刷

4. 以下哪种方法可以精确调整行高和列宽？（　　　）

    A. 拖曳鼠标

    B. 使用"表格工具-布局"选项卡

    C. 使用"表格属性"对话框

    D. "图片工具－图片格式"选项卡"大小"组

5. 以下哪些是 Word 的视图模式？（　　　）

    A. 大纲视图　　　　　　B. 页面视图　　　　　C. Web 版式试图　　　D. 阅读试图

三、操作题

1. 请以"自信自强、守正创新，踔厉奋发、勇毅前行"为主题，查找相关文字、图片资料并进行排版，制作一页宣传页。

2. 请尝试撰写并制作一份与所学专业相关的求职信，格式要求如下。

（1）标题"求职信"字体设置为"黑体"、字号设置为"二号"，"居中"显示。

（2）称谓及致敬行采用"左对齐"，落款及日期采用"右对齐"。

（3）正文部分字体设置为"四号"，中文字体"仿宋"，英文字体设置为"Times New Roman"；首行缩进 2 字符，段落设置为"1.5 倍行距"。

3. 毕业生就业推荐表是用人单位在供需见面、双向选择过程中，了解毕业生在校期间德、智、体等方面综合情况的书面材料，具有权威性。请制作电子版就业推荐表模板，如图 1-119 所示。

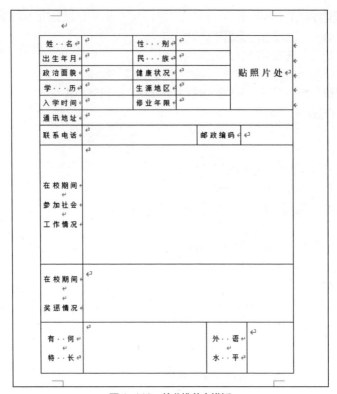

图 1-119　就业推荐表模板

模块二

操作与应用Excel 2016——提升综合素质

02

为满足职业院校学生未来职业发展的素质要求，实现对全体学生职业素质的在线考核，为学生职业素质教育和动态管理寻找新路径，软件学院将"素质银行"进行再扩展，加入了"职业"元素，升级为"职业素质银行"，使其能够更直观地反映学生的综合素质。Excel 2016具有计算功能强大、使用方便、智能性较强等优点。它不仅可以制作各种精美的电子表格和图表，还可以对表格中的数据进行分析和处理，被广泛用于财务、金融、统计、人事、行政管理等领域，是提高办公效率的得力工具。

项目 2.1 输入与编辑数据——以数据展潜力

Excel 2016是常用办公软件之一，可以用于输入、编辑、处理和分析数据。输入数据是Excel 2016中的重要功能之一，包括从其他应用程序、文本编辑器或数据库中导入数据，以及在Excel 2016中手动输入数据。掌握输入数据的技巧和方法可以帮助使用者更好地分析和处理数据。本项目将介绍在Excel 2016中输入与编辑数据的基本知识和方法。

视频 2-1

输入与编辑数据

2.1.1 任务：掌握工作表的基本操作

掌握Excel工作表的基本操作可以帮助我们在数据分析和处理方面提高效率和准确性。无论是在个人生活还是职业领域中，掌握Excel工作表的基本操作都很有必要。

【任务描述】

本任务的主要内容是掌握工作表的基本操作，打开"大学生素质银行.xlsx"文件，完成以下操作。

（1）保存文件。启动Excel 2016，打开Excel文件"大学生素质银行.xlsx"，另存为"大学生素质银行2.xlsx"文件。

（2）插入和移动工作表。在工作表"Sheet1"之前插入新工作表"Sheet4"和"Sheet5"，将工作表"Sheet4"移到"Sheet5"的右侧。

（3）删除工作表。将工作表"Sheet5"删除。

（4）插入与删除行。在工作表"Sheet4"中插入新的一行，删除行号为"3"的行。

（5）插入与删除列。在工作表"Sheet4"中插入新的一列，删除列号为"A"的列。

（6）插入与删除单元格。在工作表"积分细则"中"B2"单元格的下方插入和删除单元格。

【示例演练】

本任务涉及工作表的基本操作，在任务开始前，请查看电子活页中的内容，掌握启动与退出 Excel、Excel 工作簿基本操作、Excel 工作表基本操作、Excel 行与列基本操作、Excel 单元格基本操作等内容。

1. 启动与退出 Excel

扫描二维码，熟悉电子活页中的内容，选择合适方法完成启动 Excel、退出 Excel 的操作。

2. Excel 工作簿基本操作

扫描二维码，熟悉电子活页中的内容，选择合适方法完成创建 Excel 工作簿、保存 Excel 工作簿、关闭 Excel 工作簿、打开 Excel 工作簿的操作。

3. Excel 工作表基本操作

扫描二维码，熟悉电子活页中的内容，选择合适方法完成插入工作表、复制与移动工作表、选定工作表、切换工作表、重命名工作表、删除工作表、数据查找与替换的操作。

4. Excel 行与列基本操作

扫描二维码，熟悉电子活页中的内容，选择合适方法完成选定行、选定列、插入行与列、复制整行与整列、移动整行与整列、删除整行与整列、调整行高、调整列宽的操作。

5. Excel 单元格基本操作

扫描二维码，熟悉电子活页中的内容，选择合适方法完成选定单元格、选定单元格区域、插入单元格、复制单元格、移动单元格、移动单元格数据、复制单元格数据、删除单元格、撤销和恢复的操作。

【任务实现】

打开 Excel 工作簿"大学生素质银行.xlsx"，然后完成以下操作。

1. 保存文件

（1）启动 Excel。

（2）单击快速访问工具栏的"文件"选项卡，单击"打开"选项，单击"浏览"按钮，如图 2-1 所示，弹出"打开"对话框，在该对话框选中待打开的 Excel 文件"大学生素质银行.xlsx"，接着单击"打开"按钮即可打开 Excel 文件。

（3）单击"文件"选项卡，选择"另存为"选项，显示"另存为"界面，单击"浏览"按钮，弹出"另存为"对话框，在该对话框"文件名"列表框中输入"大学生素质银行 2.xlsx"，然后单击"保存"按钮。

2. 插入和移动工作表

（1）选定工作表"Sheet1"，然后单击"开始"选项卡"单元格"组的"插入"按钮，在其下拉列表框中选择"插入工作表"选项，即可在工作表"Sheet1"之前插入一个新工作表"Sheet4"。以同样的方法再次插入一个新工作表"Sheet5"。"插入"按钮如图 2-2 所示。

（2）选定工作表标签"Sheet4"，然后按住鼠标左键将其拖曳到工作表"Sheet5"的右侧。双击工作表标签"Sheet1"，使"Sheet1"变为选中状态，输入新的工作表标签名称"积分细则"，确定名称无误后按"Enter"键即可重命名工作表。

图2-1 单击"浏览"按钮

图2-2 "插入"按钮

3. 删除工作表

在工作表"Sheet5"标签位置单击鼠标右键，在弹出的快捷菜单中单击"删除"选项即可删除该工作表。"删除"选项如图2-3所示。

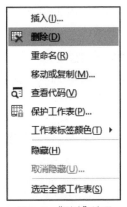

图2-3 "删除"选项

4. 插入与删除行

（1）在工作表"Sheet4"行号为"3"的行中任意选中一个单元格。

（2）单击"开始"选项卡"单元格"组的"插入"按钮，在其下拉列表框中选择"插入工作表行"选项，在选中的单元格的上边会插入新的一行。

（3）单击选中新插入的行，单击"开始"选项卡"单元格"组的"删除"按钮，在其下拉列表框中选择"删除工作行"选项，选定的行会被删除，其下方的行自动上移一行。"删除工作表行"选项如图2-4所示。

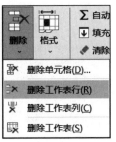

图2-4 "删除工作表行"选项

5. 插入与删除列

（1）在工作表"Sheet4"列号为"A"的列中任意选中一个单元格。

（2）单击"开始"选项卡"单元格"组的"插入"按钮，在其下拉列表框中选择"插入工作表列"选项，在选中单元格的左边会插入新的一列。

（3）选中新插入的列，单击"开始"选项卡"单元格"组的"删除"按钮，在其下拉列表框中选择"删除工作表列"选项，选定的列会被删除，其右侧的列自动左移一列。"删除工作表列"选项如图 2-5 所示。

图 2-5 "删除工作表列"选项

6. 插入与删除单元格

（1）在工作表"积分细则"中选择内容为"公寓三比"的"B2"单元格。

（2）单击鼠标右键，在弹出的快捷菜单中选择"插入"选项，弹出"插入"对话框。

（3）在"插入"对话框中单击"活动单元格下移"单选按钮。

（4）单击"确定"按钮，则在选中单元格上方插入新的单元格。"插入"对话框如图 2-6 所示。

图 2-6 "插入"对话框

（5）选中新插入的单元格，单击鼠标右键，在弹出的快捷菜单中选择"删除"选项，弹出"删除"对话框，在该对话框中单击"下方单元格上移"单选按钮。单击"确定"按钮，即可完成单元格的删除。"删除"对话框如图 2-7 所示。

图 2-7 "删除"对话框

2.1.2 任务：编辑工作表中的数据

随着信息化时代的到来，数据已经成为企业的重要资源。在 Excel 中，我们可以轻松地进行数据的输入、编辑和整理，从而更好地进行数据分析和做出决策。本任务将介绍如何在 Excel 中快速编辑数据。

【任务描述】

本任务的主要内容是在工作表中编辑数据，打开"大学生素质银行.xlsx"文件，完成以下操作。

（1）复制单元格。将名称为"文明宿舍"的单元格复制到单元格"C5"的位置。

（2）编辑单元格中的内容。

（3）设置单元格格式。

（4）设置行高和列宽。将第 1 行（标题行）的行高设置为"35"，将各数据列的宽度设置为"自动调整列宽"。

（5）设置边框线。使用"设置单元格格式"对话框的"边框"选项卡为包含数据的单元格区域设置边框线。

（6）保存 Excel 工作簿。

【示例演练】

本任务涉及编辑数据，在任务开始前，请查看电子活页中的内容，掌握在 Excel 中输入有效数据、自动填充数据的操作。

1. 输入有效数据

扫描二维码，熟悉电子活页中的内容，选择合适方法完成以下各项操作。

打开 Excel 工作簿"输入有效数据.xlsx"。将数据输入的限制条件设置为：最小值为 0，最大值为 100。将提示信息标题设置为"输入成绩时："，将提示信息内容设置为"必须为 0~100 之间的整数"。如果在设置了数据有效性的单元格中输入不符合限定条件的数据，会弹出"警告信息"对话框，该对话框标题设置为"不能输入无效的成绩"，提示信息设置为"请输入 0~100 之间的整数"。

2. 自动填充数据

扫描二维码，熟悉电子活页中的内容，打开 Excel 工作簿"技能竞赛成绩统计.xlsx"，完成复制填充、鼠标拖曳填充、自动填充序列等操作。

电子活页 2-6

在 Excel 输入有效数据

电子活页 2-7

在 Excel 工作表中自动填充数据

【任务实现】

打开 Excel 工作簿"大学生素质银行.xlsx"，然后完成以下操作。

1. 复制单元格数据

（1）通过鼠标拖曳实现。

① 选中内容为"文明宿舍"的"C2"单元格，如图 2-8 所示。

	A	B	C
1	一级指标		健康
2	二级指标	公寓三比	文明宿舍
3	各项总分	100	100
4			
5			

图 2-8　内容为"文明宿舍"的 C2 单元格

② 移动鼠标指针到"C2"的边框处，鼠标指针呈空心箭头时，按住"Ctrl"键的同时按住鼠标左键移动鼠标到单元格"C5"，松开鼠标左键。

（2）通过自动填充数据实现。

选定序列单元格区域"B3:H3"，然后单击"开始"选项卡"编辑"组的"填充"按钮，在其下拉列表框中选择"向右"选项，系统自动将选定的序列单元格数据"100"复制填充到选中的各个单元格中，"填充"按钮下拉列表框如图2-9所示。

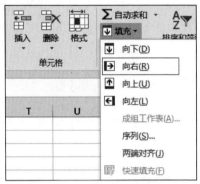

图2-9 "填充"按钮下拉列表框

2. 编辑单元格中的内容

在"开始"选项卡下的"字体"组区域单击"设置单元格格式"对话框启动按钮，将工作表"积分细则"第1行"健康生活"字体设置为"宋体"，字号设置为"20"，将字形设置为"加粗"；将水平对齐方式设置为"居中"；将垂直对齐方式设置为"居中"，编辑单元格内容如图2-10所示。

图2-10 编辑单元格内容

3. 设置单元格格式

（1）使用"设置单元格格式"对话框设置单元格格式。

① 选择"A1:F1"单元格区域，单击鼠标右键，在弹出的快捷菜单中选择"设置单元格格式"选项，打开"设置单元格格式"对话框，切换到"字体"选项卡。在"字体"选项卡设置字体为"宋体"、字号为"20"、字形为"加粗"。

② 切换到"对齐"选项卡，设置水平对齐方式为"跨列居中"，垂直对齐方式为"居中"。

设置完成后，单击"确定"按钮即可。

（2）使用"开始"选项卡中的选项按钮设置单元格格式。

① 选中"A1:P1"单元格区域，然后在"开始"选项卡"字体"组设置字体为"仿宋"，字号为"10"；在"对齐方式"组单击"垂直居中"按钮，设置该单元格区域的垂直对齐方式为"居中"。

② 选中"A2:Q2"的单元格区域，然后单击"对齐方式"组的"居中"按钮，设置该单元格区域的水平对齐方式为"居中"。

③ 选中"F3:G3"的单元格区域，在"开始"选项卡"数字"组"数字格式"下拉列表框中选择"文本"选项。

4. 设置行高和列宽

（1）选中第 1 行，单击鼠标右键，在弹出的快捷菜单中选择"行高"选项，打开"行高"对话框，在"行高"文本框中输入"35"，然后单击"确定"按钮。

（2）以同样的方法设置其他数据行（第 2 行和第 3 行）的行高为"20"。

（3）选中 A 列至 Q 列，然后在"开始"选项卡"单元格"组"格式"下拉列表框中选择"自动调整列宽"选项。

5. 设置边框线

选中"A1:Q3"单元格区域，单击鼠标右键，在弹出的快捷菜单中选择"设置单元格格式"选项，打开"设置单元格格式"对话框，切换到"边框"选项卡，然后在该选项卡的"预置"区域中单击"外边框"和"内部"按钮，为包含数据的单元格区域设置边框线。"设置单元格格式"对话框"边框"选项卡如图 2-11 所示。

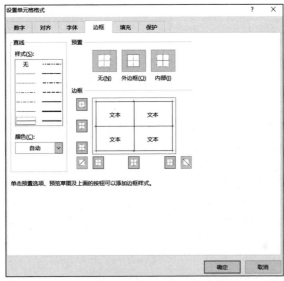

图 2-11 "设置单元格格式"对话框"边框"选项卡

6. 保存 Excel 工作簿

单击快速访问工具栏中的"保存"按钮，对工作表的设置进行保存。

2.1.3 知识讲解

接下来对上节任务用到的基础知识进行梳理。

1. Excel 窗口的基本组成

Excel 2016 启动后，屏幕上会出现 Excel 2016 窗口，该窗口主要由标题栏、快速访问工具栏、功能区、编辑栏、工作表、行号、列标、滚动条等组成，Excel 2016 窗口的基本组成如图 2-12 所示。

（1）工作簿。

Excel 文件的形式是工作簿，一个工作簿即为一个 Excel 文件，平时所说的 Excel 文件实际上就是指 Excel 工作簿。创建新的工作簿时，系统默认的名称为"工作簿 1"，这也是 Excel 的文件名，工作簿的扩展名为".xlsx"，工作簿模板文件扩展名是".xltx"。工作簿窗口是用户的工作区，以工作表的形式提供给用户一个工作界面。一本会计账簿有很多页，每一页都是记账表格。工作簿与会计账簿一样，一个工作簿可以包含多个工作表，每个工作表包含多行和多列，每行或每列包含多个单元格。

活动单元格　快速访问工具栏　功能区　编辑栏　标题栏

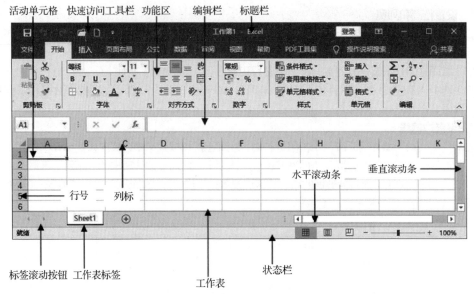

图 2-12　Excel 2016 窗口的基本组成

（2）工作表。

工作表是工作簿文件的组成部分，由行和列组成，又称为电子表格，是存储和处理数据的区域，是用户主要的操作对象。单击工作表标签左侧的标签滚动按钮，可以查看前一个或后一个工作表。

（3）单元格。

单元格是工作表中用于存储数据的基本单元。每个单元格有一个固定的地址，地址编号由"列标"和"行号"组成，例如"A1""B2""C3"等。单元格区域是指多个单元格组成的矩形区域，其表示方法是由左上角单元格和右下角单元格加"："组成，例如"A1:C5"表示从"A1"单元格到"C5"单元格之间的矩形区域。

（4）行。

由行号相同，列标不同的多个单元格组成。

（5）列。

由列标相同，行号不同的多个单元格组成。

（6）当前工作表（活动工作表）。

正在操作的工作表称为当前工作表，也可以称为活动工作表，当前工作表标签为白色，其名称字体颜色为绿色，标签底部有一横线，用以区分其他工作表。创建新工作簿时系统默认名为"Sheet1"的工作表为当前工作表。单击工作表标签可以切换当前工作表。

（7）活动单元格。

活动单元格是指当前正在操作的单元格，与其他非活动单元格的区别是活动单元格呈现为粗线边框。它的右下角处有一个小方块，称为填充柄。活动单元格是工作表中数据编辑的基本单元。

2. 工作表窗口基本操作

（1）拆分工作表窗口。

Excel 允许将工作表分区。如果在滚动工作表时需要始终显示某一列或某一行的标题，可以拆分工作表窗口，从而实现在一个工作区域内滚动时，在另一个分割区域中显示标题。

单击"视图"选项卡"窗口"组的"拆分"按钮，窗口即可分为 2 个垂直窗口和 2 个水平窗口。拆分的窗口拥有各自的垂直和水平滚动条，当拖曳其中一个滚动条时，只有该窗口中的数据滚动。拆分窗口如图 2-13 所示。

图 2-13 拆分窗口

（2）冻结工作表窗口。

如果需要让工作表中的某些部分固定不动，可以使用"冻结窗格"选项。可以先将窗口拆分成区域，也可以单步冻结工作表标题。如果在冻结窗格之前拆分窗口，窗口将冻结在拆分位置，而不是冻结在活动单元格位置。

如果要冻结第 1 行的水平标题或第 1 列的垂直标题，可以单击"视图"选项卡"窗口"组的"冻结窗格"按钮，在弹出的下拉列表框中选择"冻结首行"或"冻结首列"选项，如图 2-14 所示。冻结了某一标题行或列之后，可以任意滚动标题下方的行或标题右边的列，而标题行或列固定不动。

如果需要将第 1 行的水平标题和第 1 列的垂直标题都冻结，可以选定"B2"单元格，然后在"冻结窗格"下拉菜单中选择"冻结窗格"选项，则"B2"单元格上方的行和左侧的列都被冻结。

（3）取消拆分和冻结。

如果要取消对窗口的拆分，单击"视图"选项卡"窗口"组的"拆分"按钮即可。

如果要取消标题或取消拆分区域的冻结，则可以单击"视图"选项卡"窗口"组"冻结窗格"按钮，在弹出的下拉列表框中选择"取消冻结窗格"选项，如图 2-15 所示。

图 2-14 选择"冻结首行"或"冻结首列"选项

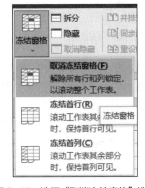

图 2-15 选择"取消冻结窗格"选项

3. 输入文本数据

在单元格中输入数据时，其输入的内容同时也显示在编辑栏的编辑框中，因此也可以通过在编辑框中向活动单元格输入数据。当在编辑框中输入数据时，编辑栏左侧显示出"输入"按钮✓和"取消"按钮✕，单击"输入"按钮✓，编辑栏中数据将被输入到当前单元格中；单击"取消"按钮✕，将取消输入的操作。

在 Excel 中，文本是指被当作字符串处理的数据，包括汉字、字母、数字、空格以及各种符号。对于邮政编码、身份证号码、电话号码、存折编号、学号、职工编号之类的纯数字形式的数据，也视为文本数据。

一般的文本数字直接选定单元格输入即可，对于纯文本形式的数字数据，例如邮政编号、身份证号码等，应先输入半角单引号"'"，然后输入对应的数字，表示所输入的数字作为文本处理，不可以参与求和之类的数学计算。

默认状态下，单元格中输入的文本数据左对齐显示。当数据宽度超过单元格的宽度时，如果其右侧单元格内没有数据，则单元格的内容会扩展到右侧的单元格内显示；如果其右侧单元格内有数据，则输入结束后，单元格内的文本数据被截断显示，但内容并没有丢失，选定单元格后，完整的内容即显示在编辑框中。

当单元格内的文本内容比较长时，可以按"Alt+Enter"键实现单元格内换行，单元格的高度将自动增加，以容纳多行文本。通过设置单元格的格式也可以实现单元格内文本的自动换行。

4. 输入数值数据

（1）输入数字。

在单元格中可以直接输入整数、小数和分数。

（2）输入数学符号。

单元格中除了可以输入 0~9 的数字字符，也可以输入以下数学符号。

① 正负号："+""−"。

② 货币符号："¥""$""€"。

③ 左右括号："（""）"。

④ 分数线："/"、千位符："，"、小数点："."和百分号："%"。

⑤ 指数标识："E"和"e"。

（3）输入特殊形式的数值数据。

① 输入负数

输入负数可以直接输入负号"−"和数字，也可以输入带括号的数字，例如输入"（100）"，在单元格中显示的是"−100"。

② 输入分数

输入分数时，应在分数前加"0"和一个空格，例如输入"1/2"时，应在单元格输入"0 1/2"，在单元格中显示的是"1/2"。

 注意 当输入分数时，如果在分数前不加限制或只加"0"，则输出的结果为日期，即"1/2"变成"1月2日"的形式；如果在分数前只加1个空格，则输出的分数为文本形式的数字。

③ 输入多位的长数据

输入多位的长数据时，数据一般带千位分隔符"，"输入，但在编辑栏中显示的数据没有千位分隔符"，"。输入数据的位数较多时，一般情况下单元格中的数据自动显示成科学记数法的形式。

无论在单元格输入数值时显示的位数是多少，Excel 只保留 15 位的精度，如果数值位数超出了 15，多余的数字将显示为"0"。

5. 输入日期和时间

输入日期时，按照年、月、日的顺序输入，并且使用斜线"/"或连字符"−"分隔年、月、日的数字。输入时间时，按照时、分、秒的顺序输入，并且使用半角冒号"："分隔时、分、秒的数字。在同一单元格同时输入日期和时间时，必须使用空格分隔。

输入当前系统日期时可以按"Ctrl+;"组合键，输入当前系统时间时可以按"Ctrl+Shift+;"组合键。单元格中日期或时间的显示形式取决于所在单元格的数字格式。如果输入了 Excel 可以识别的日期或时间数据，单元格格式会从"常规"数字格式自动转换为内置的日期或时间格式，对齐方式默认为右对齐。如果输入了 Excel 不能识别的日期或时间格式，输入的内容将被视为文本数据，在单元格中左对齐。

6. 编辑工作表中的内容

（1）编辑单元格中的内容。

① 将光标插入点定位到单元格或编辑栏中，也可以将鼠标指针移到编辑栏的编辑框中单击。

② 对单元格或编辑框中的内容进行修改。

③ 按"Enter"键确认所做的修改。如果按"Esc"键则取消所做的修改。

（2）清除单元格或单元格区域。

清除单元格或单元格区域只是删除单元格中的内容、格式或批注，清除内容后的单元格仍然保留在工作表中。而删除单元格时，会从工作表中移去单元格，并调整周围单元格填补删除的空缺。

方法 1：选定需要清除的单元格或单元格区域，按"Delete"键或"Backspace"键，只清除单元格的内容，保留该单元格的格式和批注。

方法 2：选定需要清除的单元格或单元格区域，单击"开始"选项卡"编辑"组的"清除"按钮，弹出下拉列表框，如图 2-16 所示。在该下拉菜单中的"全部清除""清除格式""清除内容""清除批注"和"清除超链接"选项，分别可以清除单元格或单元格区域中的全部信息（包括内容、格式、批注和超链接）、格式、内容、批注和超链接。

图 2-16 "清除"按钮的下拉列表框

项目 2.2 数据计算和筛选——让工作更高效

Excel 2016 提供了数据排序、筛选以及分类汇总等功能，使用这些功能可以方便地统计与分析数据。排序是指按照一定的顺序重新排列工作表中的数据，也可以根据其特定列的内容来重新排列工作表的行。排序并不改变表格的内容，当两行或者两列中有完全相同的数据或内容时，Excel 会保持它们的原始顺序。筛选是查找和处理工作表中数据子集的快捷方法，筛选结果仅显示满足条件的行，该条件由用户指定。筛选与排序不同，它并不重排工作表中的行，而只是将不必显示的行暂时隐藏，可以使用"自动筛选"或"高级筛选"功能将符合条件的数据显示在工作表中。

视频 2-2

数据计算和筛选

2.2.1 任务：计算数据和筛选数据

Excel 中的数据计算和筛选功能可以帮助用户快速、准确地分析和处理数据，从而提高数据处理的效率。本任务将介绍 Excel 中数据计算和筛选的基本任务和功能。

【任务描述】

打开"大学生素质银行.xlsx"，完成以下操作。

（1）使用公式计算学生总积分。单击工作表"Sheet2"，使用"开始"选项卡"编辑"组的"自动求和"按钮，计算学生的总积分，将计算结果存放在单元格"V3"中。

（2）使用函数计算最高分和最低分。使用"插入函数"按钮和"函数参数"对话框计算"体商社团"的最高分和"公寓三比"的最低分，将计算结果分别存放在单元格"H24"和"F24"中。

（3）计算平均值。手动输入计算公式，计算所有学生文明宿舍的平均分，将计算结果存放在单元格"G24"中。

（4）数据排序。按"上课出勤"升序排列和按"学业积分"降序排列。

（5）数据筛选。筛选出"年龄"大于 18 岁，小于等于 19 岁的学生。

（6）数据分类汇总。在工作表"Sheet2"中按"班级"分类汇总。

【示例演练】

本任务涉及数据的计算和筛选，在任务开始前，请查看电子活页中的内容，掌握使用公式计算、使用函数计算、数据排序、数据筛选、数据分类汇总。

1. 使用公式计算

（1）公式的输入与计算。

扫描二维码，熟悉电子活页中的内容，打开 Excel 工作簿"计算销售额.xlsx"，掌握电子活页中介绍的 Excel 工作中公式的输入与计算方法，使用公式计算各种产品的销售额，将计算结果填入对应单元格中。

（2）公式的移动与复制。

公式的移动是指把一个公式从一个单元格中移动到另一个单元格中，其操作方法与单元格中数据的移动方法相同。

公式的复制可以使用填充柄、功能区选项和快捷菜单选项等多种方法实现，与单元格中数据的复制方法基本相同。

电子活页 2-8

Excel 工作表中公式
的输入与计算

2. 使用函数计算

函数是 Excel 中已定义好的具有特定功能的内置公式，例如 SUM（求和）、AVERAGE（求平均值）、COUNT（计数）、MAX（求最大值）、MIN（求最小值）等。

扫描二维码，熟悉电子活页中的内容，学习有关函数计算的相关内容。

电子活页 2-9

Excel 工作表中
使用函数计算

3. 数据排序

数据的排序是指对选定单元格区域中的数据以升序或降序方式重新排列，便于浏览和分析。

扫描二维码，熟悉电子活页中的内容，打开 Excel 工作簿"产品销售数据排序.xlsx"，使用电子活页中介绍的 Excel 工作表中数据排序方法，完成简单排序、多条件排序等操作。

电子活页 2-10

Excel 工作表中的
数据排序

4. 数据筛选

如果用户需要浏览或者操作的只是数据表中的部分数据，为了方便操作，加快操作速度，可以把需要的数据筛选出来作为操作对象，将无关的数据隐藏起来不参与操作。Excel 同时提供了自动筛选和高级筛选两种选项来筛选数据。自动筛选可以满足大部分需求，当需要按更复杂的条件来筛选数据时，则可以使用高级筛选。

扫描二维码，熟悉电子活页中的内容，使用电子活页中介绍的 Excel 工作表中数据筛选方法，完成筛选操作。

5. 数据分类汇总

对工作表中的数据按列值进行分类，并按类进行汇总（包括求和、求平均值、求最大值、求最小值等），可以提供清晰且有价值的报表。在进行分类汇总之前，应对工作表中的数据进行排序，将分类字段相同的数据集中在一起，并且工作表中第一行里必须有列标题。

扫描二维码，熟悉电子活页中的内容，打开 Excel 工作簿"计算机配件销售数据分类汇总.xlsx"，使用电子活页中介绍的 Excel 工作表中数据分类汇总方法，完成分类汇总操作。分类字段为"产品名称"，汇总方式为"求和"，汇总项分别为"数量"和"销售额"。

电子活页 2-11

Excel 工作表中的
数据筛选

电子活页 2-12

Excel 工作表中的
数据分类汇总

【任务实现】

打开 Excel 工作簿"大学生素质银行.xlsx"，单击工作表"Sheet2"，然后完成以下操作。

1. 使用公式计算学生总积分

在工作表"Sheet2"中，先选定求和的单元格区域"F3:U3"，然后单击"公式"选项卡"函数库"组中的"自动求和"按钮，自动为选定的单元格区域计算总和，计算结果显示在单元格"V3"中。

也可以先选定计算单元格"V3"，输入半角等号，然后单击"公式"选项卡"函数库"组中的"插入函数"按钮，弹出"插入函数"对话框，选择"SUM"函数，单击"确定"按钮，打开"函数参数"对话框，在该对话框的"Number1"地址框中输入"F3:U3"，然后单击"确定"按钮即可完成计算，在单元格"V3"中显示计算结果。

2. 使用函数计算最高分和最低分

（1）计算最高分。

在工作表"Sheet2"中，先选定单元格"H24"，输入等号，然后在"公式"选项卡"函数库"组中，单击"插入函数"按钮，然后选择"MAX"，单击"确定"按钮，打开"函数参数"对话框，如图 2-17 所示。在该对话框的"Number1"右侧的地址框中直接输入计算范围"H3:H23"，然后单击"确定"按钮，完成公式的输入和计算。

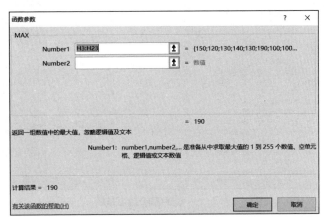

图 2-17 "函数参数"对话框

（2）计算最低分。

在工作表"Sheet2"中，先选定单元格"F24"，然后单击"插入函数"按钮，在打开的"插入函数"

对话框中选择函数"MIN"。在该对话框的"Number1"右侧的地址框中直接输入计算范围"F3:F23"，单击"确定"按钮，完成数据计算，在单元格"F24"中显示计算结果。

3. 计算平均值

在工作表"Sheet2"中，先选定求平均值的单元格区域"G3:G23"，然后单击"自动求和"按钮下方的箭头，在下拉列表中选择函数"平均值"，计算结果显示在单元格"G24"中。

4. 数据排序

（1）选中工作表"Sheet2"中数据区域的任一个单元格。

（2）单击"数据"选项卡"排序和筛选"组"排序"按钮，打开"排序"对话框。在该对话框中先选中"数据包含标题"复选框，然后在"主要关键字"下拉列表框中选择"列 J"，在"排序依据"下拉列表框中选择"数值"，在"次序"下拉列表框中选择"升序"。

（3）单击"添加条件"按钮，添加第二个排序条件，在"次要关键字"下拉列表框中选择"列 K"，在"排序依据"下拉列表框中选择"数值"，在"次序"下拉列表框中选择"降序"。

在"排序"对话框中设置主要关键字和次要关键字如图 2-18 所示。

图 2-18 在"排序"对话框中设置主要关键字和次要关键字

（4）在"排序"对话框中单击"确定"按钮，关闭该对话框。系统就会根据选定的排序范围按指定的关键字条件重新排列。排序结果的部分数据如图 2-19 所示。

	A	B	C	D	E	健康生活				学会学习	
	学号	班级	姓名	年龄	性别	公寓三比	文明宿舍	体商社团	体测成绩	上课出勤	学业积分
3	1803180212	18信息管理3-1班	黄同学	18	男	100	96	150	90	195	190
4	1801010328	18软件技术3-6班	莫同学	18	男	80	90	120	98	197	190
5	1801010326	18软件技术3-6班	罗同学	19	男	90	97	130	95	198	200
6	1801010217	18软件技术3-1班	雷同学	18	男	85	93	140	92	198	200
7	1801250124	18嵌入技术3-1班	连同学	19	男	96	89	130	88	198	200
8	1801010632	18软件技术3-1班	汪同学	18	男	88	87	190	79	199	200
9	1801010130	18软件技术3-3班	伍同学	18	男	75	80	100	89	199	185
10	1801010227	18软件技术3-3班	刘同学	18	男	80	77	100	100	200	200
11	1801010228	18软件技术3-3班	赵同学	19	男	90	88	160	89	200	200
12	1801010236	18软件技术3-3班	王同学	20	男	76	90	130	91	200	200
13	1801010126	18软件技术3-1班	吕同学	18	男	82	82	170	93	200	200
14	1801010117	18软件技术3-3班	林同学	18	女	84	81	150	94	200	200
15	1801010126	18软件技术3-1班	叶同学	18	男	98	90	120	87	200	200
16	1801010131	18软件技术3-2班	吴同学	19	女	91	97	110	83	200	195
17	1801010422	18软件技术3-1班	谭同学	18	男	87	83	140	91	200	195
18	1803180247	18信息管理3-3班	周同学	18	男	85	89	130	98	200	190
19	1801250103	18嵌入技术3-1班	陈同学	19	男	96	87	170	99	200	190
20	1801250148	18嵌入技术3-1班	郑同学	18	男	93	87	120	78	200	190
21	1801250126	18软件技术3-1班	孙同学	18	男	88	81	140	82	200	185
22	1801250244	18嵌入技术3-2班	邹同学	18	男	87	79	170	94	200	180
23	1803180405	18信息管理3-3班	荣同学	19	女	81	82	160	95	200	160

图 2-19 排序结果的部分数据

5. 数据筛选

（1）数据的自动筛选。

① 选择"Sheet2"工作表。

② 在要筛选数据区域"A1:U23"中选定任意一个单元格。

③ 单击"数据"选项卡"排序和筛选"组的"筛选"按钮，该按钮呈现选中状态，同时系统自动在工作表中每个列的列标题右侧会插入一个下拉箭头按钮。

④ 单击列标题"年龄"右侧的下拉箭头按钮，会出现一个"筛选"下拉列表框。在该下拉列表框中选择"数字筛选"，在其级联菜单中选择"自定义筛选"选项，打开"自定义自动筛选"对话框。

⑤ 在"自定义自动筛选"对话框中，将条件1设置为"大于""18"，条件2设置为"小于或等于""19"，逻辑运算方式设置为"与"。然后单击"确定"按钮，"自定义自动筛选"的结果如图2-20所示。

	A	B	C	D	E	F	G	H	I	J	K	L	M	N	O	P	Q	R	S	T	U
1	学号	班级	姓名	年龄	性	健康生活				学会学习			人文底蕴			科学精神		责任担当		实践创新	
5	1801010326	18软件技术3-6班	罗同学	19	男	90	97	130	95	200	185	80	185	185	87	230	185	400	100	300	185
7	1801250124	18嵌入技术3-1班	连同学	19	男	96	89	130	88	200	190	70	190	190	91	300	190	360	80	300	190
11	1801010228	18软件技术3-3班	赵同学	19	男	90	88	160	89	198	200	99	200	200	82	300	200	400	100	300	200
16	1801010131	18软件技术3-2班	吴同学	19	女	91	97	110	83	200	190	61	190	190	95	280	190	400	100	300	190
19	1801250103	18嵌入技术3-1班	陈同学	19	女	96	87	170	99	200	200	83	200	200	79	300	200	400	100	300	200
23	1803180405	18信息管理3-3班	蒙同学	19	女	81	82	160	95	200	200	86	200	200	100	300	200	400	100	300	200
25																					

图2-20 "自定义自动筛选"的结果

（2）数据的高级筛选。

① 设置条件区域

选择"Sheet3"工作表，在单元格"A24"中输入"公寓三比"，在单元格"B24"中输入"文明宿舍"。

设置"公寓三比"的筛选条件。在单元格"A25"中输入条件">85"。

设置"文明宿舍"的筛选条件。在单元格"B25"中输入条件"<90"。

条件区域设置结果，如图2-21所示。

24	公寓三比	文明宿舍
25	>85	<90

图2-21 条件区域设置结果

② 选定单元格

在待筛选数据区域"A1:U22"中选定任意一个单元格。

③ 在"高级筛选"对话框中设置

单击"数据"选项卡"排序和筛选"组的"高级"按钮，打开"高级筛选"对话框，在该对话框中进行以下设置。

（a）在"方式"区域选择"将筛选结果复制到其他位置"单选按钮。

（b）在"列表区域"地址框中利用"折叠"按钮 在工作表中选择数据区域"$A$1:$U$22"。

（c）在"条件区域"编辑框中利用"折叠"按钮 在工作表中选择设置好的条件区域"$A$24:$B$25"。

（d）选中"选择不重复的记录"复选框。

"高级筛选"对话框设置完成，如图2-22所示。

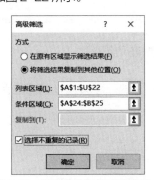

图2-22 "高级筛选"对话框设置完成

④ 执行高级筛选

在"高级筛选"对话框中单击"确定"按钮，执行高级筛选。高级筛选的结果如图 2-23 所示。

	A	B	C	D	E	F	G
1	学号	班级	姓名	年龄	性别	公寓三比	文明宿舍
6	1801250124	18嵌入技术3-1班	连同学	19	男	96	89
7	1801010632	18软件技术3-1班	汪同学	18	男	88	87
10	1801010228	18软件技术3-3班	赵同学	19	男	90	88
16	1801010422	18软件技术3-1班	谭同学	18	男	87	83
18	1801250103	18嵌入技术3-1班	陈同学	19	男	96	87
19	1801250148	18嵌入技术3-1班	郑同学	18	男	93	87
20	1801010126	18软件技术3-1班	孙同学	18	男	88	81
21	1801250244	18嵌入技术3-2班	邹同学	18	男	87	79

图 2-23　高级筛选的结果

6. 数据分类汇总

（1）按"班级"进行排序。

将工作表"Sheet2"中的数据按"班级"进行排序，使要分类字段"班级"值相同的数据集中在一起。

（2）执行"分类汇总"操作。

将光标置于待分类汇总数据区域"A1:U30"的任意一个单元格中，单击"数据"选项卡"分级显示"组的"分类汇总"按钮，打开"分类汇总"对话框，在该对话框中进行以下设置。

① 在"分类字段"下拉列表框中选择"班级"。

② 在"汇总方式"下拉列表框中选择"平均值"。

③ 在"选定汇总项"列表框中选择"年龄""健康生活""列 G""列 H""列 I"。

④ 底部的 3 个复选框都采用默认设置。

然后单击"确定"按钮，完成分类汇总。

单击工作表左侧的分级显示区顶端的 2 按钮，工作表中将只显示列标题、各个分类汇总结果和总计结果，如图 2-24 所示。

	A	B	C	D	E	F	G	H	I
1						健康生活			
2	学号	班级	姓名	年龄	性别	公寓三比	文明宿舍	体商社团	体测成绩
6		18嵌入技术3-1班 平均值		18		90	94.33333	133.3333	94.33333
8		18嵌入技术3-2班 平均值		18		85	93	140	92
15		18软件技术3-1班 平均值		19		84.16667	85.16667	135	89.33333
17		18软件技术3-2班 平均值		18		82	82	170	93
23		18软件技术3-3班 平均值		18		89	88	130	90.6
26		18软件技术3-6班 平均值		19		94.5	87	145	88.5
28		18信息管理3-1班 平均值		18		88	81	140	82
31		18信息管理3-3班 平均值		19		84	80.5	165	94.5
32		总计平均值		18		87.2381	86.90476	139.5238	90.71429

图 2-24　列标题、各个分类汇总结果和总计结果

2.2.2　知识讲解

本节将对上节任务用到的基础知识进行梳理。

1. 单元格地址

单元格地址由"列标"和"行号"组成，列标在前，行号在后，例如"A1""B4""D8"等。

2. 单元格区域地址

（1）连续的矩形单元格区域。

连续的矩形单元格区域的地址引用形式为"单元格区域左上角的单元格地址：单元格区域右下角的单元格地址"，中间使用半角冒号":"分隔，例如"B3:E12"，其中"B3"表示单元格区域左上角的单元格地址，"E12"表示单元格区域右下角的单元格地址。

（2）不连续的多个单元格或单元格区域。

多个不连续的单元格或单元格区域的地址引用规则为：使用半角逗号"，"分隔多个单元格或单元格区域的地址。例如"A2,B3:D12,E5,F6:H10"，其中"A2"和"E5"表示 2 个单元格的地址，"B3:D12"和"F6:H10"表示 2 个单元格区域的地址。

3. 单元格引用

（1）相对引用。

相对引用是指单元格地址直接使用"列标"和"行号"表示，例如"A1""B2""C3"等。含有单元格相对地址的公式移动或复制到一个新位置时，公式中的单元格地址会随之发生变化。例如单元格 F3 应用的公式中包含了单元格"D3"的相对引用，将单元格"F3"中的公式复制到单元格"F4"时，公式所包含的单元格相对引用会自动变为"D4"。

（2）绝对引用。

绝对引用是指单元格地址中的"列标"和"行号"前各加一个"$"符号，例如"$A$1""$B$2""$C$3"等。含有单元格绝对地址的公式移动或复制到一个新的位置时，公式中的单元格地址不会发生变化。例如单元格"F32"应用的公式中包含了单元格"F31"的绝对引用"$F$31"，将单元格"F32"中的公式复制到单元格"F33"时，公式所包含的单元格绝对引用不变，为"F31"中的数据。

（3）混合引用。

混合引用是指单元格地址中，"列标"和"行号"中有一个使用绝对地址，而另一个却使用相对地址，例如"$A1""B$2"等。对于混合引用的地址，在公式移动或复制时，绝对引用部分不会发生变化，而相对引用部分会随之变化。

如果列标为绝对引用，行号为相对引用，例如"$A1"，那么在公式移动或复制时，列标不会发生变化（例如 A），但行号会发生变化（例如 1、2、3 等），即为同一列不同行对应单元格的数据（例如"A1""A2""A3"等）。

如果行号为绝对引用，列标为相对引用，例如"A$1"，那么在公式移动或复制时，行号不会发生变化（例如 1），但列标会发生变化（例如 A、B、C 等），即为同一行不同列对应单元格的数据（例如"A1""B1""C1"等）。

（4）跨工作表的单元格引用。

公式中引用同一工作簿中其他工作表中单元格的形式："工作表名称!单元格地址"，"工作表名称"与"单元格地址"之间使用半角感叹号"!"分隔。

（5）跨工作簿的单元格引用。

公式中引用不同工作簿中单元格的形式："[工作簿文件名]工作表名称!单元格地址"。

4. 使用公式计算

Excel 中的公式由常量数据、单元格引用、函数、运算符组成。运算符主要包括 3 种类型：算术运算符、字符连接运算符、比较运算符。算术运算符包括+（加号）、-（减号）、*（乘号）、/（除号）、%（百分号）、^（乘幂）；字符连接运算符"&"可以将多个字符串连接起来；比较运算符包括=（等号）、<（小于）、<=（小于等于）、>（大于）、>=（大于等于）、<>（不等于）。

如果公式中同时用到了多个运算符，其运算优先顺序见表 2-1。

表 2-1　Excel 公式中多个运算符的运算优先顺序

运算符	运算优先顺序
-（负号）	1
%（百分号）	2
^（乘幂）	3

续表

运算符	运算优先顺序
*、/（乘、除）	4
+、−（加、减）	5
&（连接符）	6
=（等号）、<（小于）、<=（小于或等于）、>（大于）、>=（大于或等于）、<>（不等于）	7

公式中同一级别的运算，按从左到右的顺序进行，使用括号的运算优先，注意括号应使用半角的括号"()"，不能使用全角的括号"（）"。

5. 自动计算

单击"公式"选项卡"函数库"组的"自动求和"下拉列表框的"求和"按钮，可以对指定或默认区域的数据进行求和运算。其运算结果值显示在选定列的下方第 1 个单元格中或者选定行的右侧第 1 个单元格中。"自动求和"下拉列表框如图 2-25 所示。

图 2-25 "自动求和"下拉列表框

项目 2.3 数据统计与分析——向数据要战斗力

Excel 图表是一种非常有效的可视化工具，可以用来对数据进行统计和分析。

2.3.1 任务：使用图表统计与分析数据

Excel 提供的图表功能，可以将系列数据以图表的形式表达出来，使数据更加清晰易懂、数据表示的含义更加形象直观。用户可以通过图表直接了解数据之间的关系和变化趋势。本任务是将"大学生素质银行.xlsx"里的表格数据创建成图表的形式，使数据的呈现更加直观。

视频 2-3

数据统计与分析

【任务描述】

本任务的主要内容是将数据以图表的形式表达出来，打开 Excel 工作簿"大学生素质银行.xlsx"，完成以下操作。

（1）保护工作表。保护工作表"Sheet2"，设置密码为"123456"。

（2）保护工作簿。设置打开权限密码和修改权限密码，密码都设置为"123456"。

（3）对 Excel 文档设置打开权限密码和修改权限密码。在"常规选项"对话框中分别设置"打开权限密码"和"修改权限密码"，密码为"123456"。

（4）创建图表。在工作表"Sheet2"中创建图表，图表类型为"簇状柱形图"。

（5）添加图表的坐标轴标题。在横向"坐标轴标题"文本框中输入"素质指标"，在纵向"坐标轴标题"文本框中输入"分数"。

（6）添加图表标题。图表标题为"大学生素质银行得分情况"，设置图表标题的字体为"宋体"，字号为"12"。

（7）设置图表的图例位置。在图表中添加图例。图表创建完成后对其格式进行设置。设置图表标题的字体为"宋体"，字号为"12"。

（8）更改图表类型。将图表类型更改为"折线图"。

（9）缩放与移动图表。使用鼠标拖曳方式调整图表大小并将图表移动到合适的位置。

（10）将图表移至工作簿的其他工作表中。

【示例演练】

本任务涉及数据分析与统计，在任务开始前，请查看电子活页中的内容，掌握 Excel 数据安全保护，以及隐藏行、列与工作表。

1. Excel 数据安全保护

对工作簿、工作表和单元格中的数据进行有效保护，可以防止他人不经允许打开和修改。

扫描二维码，熟悉电子活页中的内容，学习有关 Excel 数据安全保护的内容，完成保护单元格中数据、保护工作表、撤销工作表保护、保护工作簿、撤销工作簿保护、对 Excel 文档进行加密处理、撤销 Excel 文档的密码等操作。

电子活页 2-13

Excel 数据安全保护

2. 隐藏行、列与工作表

扫描二维码，熟悉电子活页中的内容，学习有关隐藏行、列与工作表的内容，完成隐藏行、隐藏列、隐藏工作表等操作。

电子活页 2-14

隐藏行、列与工作表

【任务实现】

打开 Excel 工作簿"大学生素质银行.xlsx"，完成以下操作。

1. 保护工作表

（1）在工作表标签名称"Sheet2"上单击鼠标右键，弹出的快捷菜单如图 2-26 所示，在弹出的快捷菜单中选择"保护工作表"选项。

图 2-26　弹出的快捷菜单

（2）弹出"保护工作表"对话框，在该对话框中选中"保护工作表及锁定的单元格内容"复选框，在"取消工作表保护时使用的密码"对话框中输入密码"123456"，在"允许此工作表的所有用户进行"列表框中选取允许用户进行的操作，这里选定"选定锁定单元格"和"选定解除锁定的单元格"两个复选框。"保护工作表"对话框如图 2-27 所示，然后单击"确定"按钮。

（3）在弹出的"确认密码"对话框中输入密码"123456"，"确认密码"对话框如图 2-28 所示，然后单击"确定"按钮。

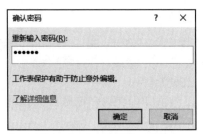

图 2-27 "保护工作表"对话框　　　　　图 2-28 "确认密码"对话框

（4）在设置了工作表保护的 Excel 文档中，如果要从工作表的单元格中删除数据或者输入数据，就会弹出提示信息对话框，如图 2-29 所示。

图 2-29 提示信息对话框

2. 保护工作簿

（1）单击"文件"选项卡，单击"信息"选项，在右侧单击"保护工作簿"按钮，在弹出的下拉列表框中选择"保护工作簿结构"选项，如图 2-30 所示。

图 2-30 在"保护工作簿"下拉列表框中选择"保护工作簿结构"选项

（2）弹出"保护结构和窗口"对话框，在该对话框的"保护工作簿"区域选中"结构"复选框，在"密码"框中输入"123456"，如图 2-31 所示。单击"确定"按钮后，弹出"确认密码"对话框，在该对话框中输入相同的密码，"确认密码"对话框如图 2-32 所示，然后单击"确定"按钮。

图 2-31 "保护结构和窗口"对话框

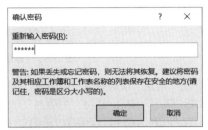

图 2-32 "确认密码"对话框

（3）如果对被保护的工作簿中的工作表进行重命名操作，会弹出不能更改提示信息对话框，如图 2-33 所示。

图 2-33 不能更改提示信息对话框

3. 对 Excel 文档设置打开权限密码和修改权限密码

（1）打开要设置密码的 Excel 工作簿"大学生素质银行.xlsx"，单击"文件"选项卡，单击"另存为"按钮，显示"另存为"界面，单击"浏览"按钮，打开"另存为"对话框，在该对话框下方单击"工具"按钮，在其下拉菜单中选择"常规选项"选项，如图 2-34 所示，打开"常规选项"对话框。

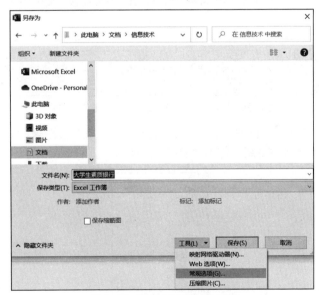

图 2-34 选择"常规选项"选项

（2）在"常规选项"对话框中分别设置"打开权限密码"和"修改权限密码"，这里都输入密码"123456"，"常规选项"对话框，如图 2-35 所示。

图 2-35 "常规选项"对话框

（3）然后单击"确定"按钮完成密码设置，在弹出的两个"确认密码"对话框中输入相同的密码"123456"，单击"确定"按钮，返回"另存为"对话框。

（4）在"另存为"对话框中确定保存位置和文件名，然后单击"保存"按钮，该文件便被加密保存。

（5）对于设置了打开权限密码的 Excel 文档，再一次打开时，会弹出确认打开权限的"密码"对话框，如图 2-36 所示，在该对话框中输入正确的密码"123456"。

（6）单击"确定"按钮。弹出确认编辑权限的"密码"对话框，如图 2-37 所示。在该对话框中输入密码以获取编辑权限，输入密码"123456"，单击"确定"按钮，打开设置了编辑权限密码的 Excel 文档。

图 2-36 确认打开权限的"密码"对话框

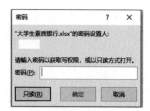

图 2-37 确认编辑权限的"密码"对话框

4. 创建图表

（1）打开 Excel 工作簿"大学素质银行.xlsx"，选择"Sheet2"工作表。

（2）图表的数据源自选定的单元格区域中的数据，选定建立图表需要的单元格区域"C1:O4"，如图 2-38 所示。

姓名	年龄	性别	健康生活				学会学习				人文底蕴		
			公寓三比	文明宿舍	体商社团	体测成绩	上课出勤	学业积分	成绩排名	阅读经典	人文社团	讲座培训
黄同学	18	男	100	96	150	90	200	200	95	180	150	93
莫同学	18	男	80	90	120	98	198	200	90	200	200	94

图 2-38 选定建立图表需要的单元格区域"C1:O4"

（3）单击"插入"选项卡"图表"组的"插入柱形图或条形图"按钮，在其下拉列表框中选择"二维柱形图"区域的"簇状柱形图"选项，如图 2-39 所示。

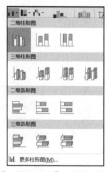

图 2-39 选择"二维柱形图"区域的"簇状柱形图"选项

创建的"簇状柱形图"如图 2-40 所示。

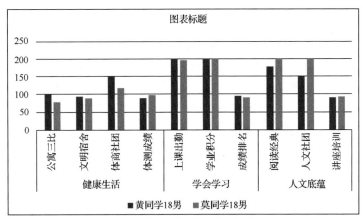

图 2-40　创建的"簇状柱形图"

5. 添加图表的坐标轴标题

（1）单击要添加坐标轴标题的图表，这里选择前面创建的"簇状柱形图"。

（2）单击图表右上角的"图表元素"按钮，在其下拉菜单中选中"坐标轴标题"复选框，如图 2-41 所示，在图表区域出现横向和纵向两个"坐标轴标题"文本框。

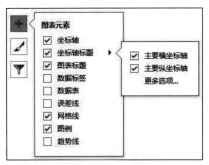

图 2-41　在"图表元素"下拉菜单中选中"坐标轴标题"复选框

（3）在横向"坐标轴标题"文本框中输入"素质指标"，在纵向"坐标轴标题"文本框中输入"分数"。

6. 添加图表标题

（1）单击要添加图表标题的图表，这里选择前面创建的"簇状柱形图"。

（2）单击图表右上角的"图表元素"按钮，在其下拉菜单中选中"图表标题"复选框，在其级联菜单中选择"图表上方"选项，如图 2-42 所示。

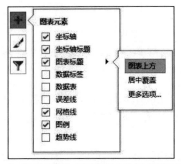

图 2-42　在"图表标题"级联菜单中选择"图表上方"选项

（3）在图表区域"图表标题"文本框中输入合适的图表标题"大学生素质银行得分情况"。

（4）设置图表标题的字体为"宋体"，字号为"12"。

7．设置图表的图例位置

（1）单击要添加图例的图表，这里选择前面创建的"簇状柱形图"。

（2）单击图表右上角的"图表元素"按钮，在其下拉菜单中选中"图例"复选框，在其级联菜单中选择"右"选项，如图2-43所示。

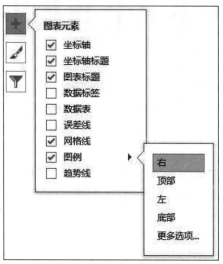

图2-43　在"图例"级联菜单中选择"右"选项

添加了坐标轴标题、图表标题、图例的簇状柱形图，如图2-44所示。

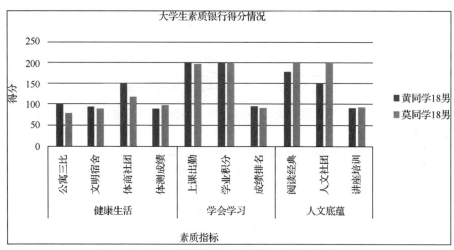

图2-44　添加了坐标轴标题、图表标题、图例的簇状柱形图

8．更改图表类型

（1）单击要更改类型的图表，这里选择前面创建的"簇状柱形图"。

（2）单击"图表工具－图表设计"选项卡"类型"组的"更改图表类型"按钮，打开"更改图表类型"对话框。

（3）在"更改图表类型"对话框中选择一种合适的图表类型，如图2-45所示，这里选择"折线图"。

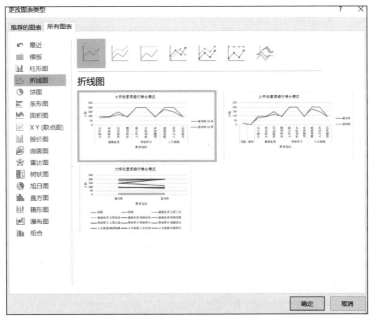

图 2-45　在"更改图表类型"对话框中选择一种合适的图表类型

（4）单击"确定"按钮，完成图表类型的更改。创建的"折线图"如图 2-46 所示。

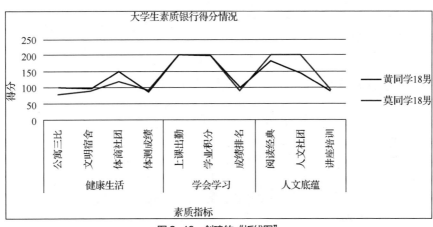

图 2-46　创建的"折线图"

9. 缩放与移动图表

（1）单击图表，这里选择前面创建的"折线图"。

（2）将鼠标指针移至右下角的控制点，当鼠标指针变成斜向双箭头 ⬂ 时，拖曳鼠标调整图表大小，直到满意为止。

（3）将鼠标指针移至图表区域，按住鼠标左键将图表拖曳到合适的位置。

10. 将图表移至工作簿的其他工作表中

（1）单击选中图表，单击"图表工具-设计"选项卡"位置"组的"移动图表"按钮，在弹出的"移动图表"对话框中选择"新工作表"单选按钮，新工作表的名称采用默认名称"Chart1"，"移动图表"对话框如图 2-47 所示，单击"确定"按钮，自动创建新工作表"Chart1"，并将图表移至工作表"Chart1"中。

图 2-47 "移动图表"对话框

（2）单击快速访问工具栏中的"保存"按钮，对 Excel 文档进行保存。

2.3.2 知识讲解

本节将对上节任务用到的基础知识进行梳理。

1. Excel 图表的作用与类型选择

（1）Excel 图表的作用。

图表是 Excel 的一个重要对象，是以图形形式来表示工作表中数据之间的关系和变化趋势。在工作表中创建一个合适的图表，有助于直观、形象地分析对比数据，使读者更容易理解数据主题。通过对图表中的数据的颜色和字体等信息的设置，可以把数据反映的问题重点有效地传递给读者。

（2）Excel 图表的常用类型。

Excel 提供了多种类型的图表，如柱形图、折线图、饼图、条形图、面积图、XY（散点图）、股价图、曲面图等。图表类型如图 2-48 所示。

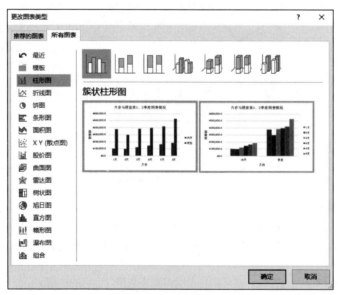

图 2-48 图表类型

（3）合理选择 Excel 图表类型。

反映数据的构成一般使用饼图；比较数据间的数量关系一般使用柱形图和条形图；反映数据的变化趋势一般使用折线图和柱形图；表示数据的频率分布一般使用柱形图、条形图和折线图；衡量数据的相关性一般使用柱形图、散点图和气泡图；比较多重数据一般使用簇状柱形图和雷达图。

2. Excel 2016 图表基本操作

在 Excel 中，可以使用工作表单元格中的数据当作数据点在图表上显示。数据点可以用条形、折线、柱形、饼图、散点及其他形状表示，这些数据点称为数据标签。

图表中的数据源自工作表中的数据列。一般图表包含图例、坐标轴、数据标签、图表标题、坐标轴标题等图表元素。

建立图表后，可以通过增加、修改图表元素来美化图表及强调某些重要信息。大多数图表项是可以被移动或调整大小的，也可以用图案、颜色、对齐、字体及其他格式属性来设置这些图表项的格式。

工作表中插入的图表也可以进行复制、移动和删除操作。

（1）图表的复制。

可以采用复制与粘贴的方法复制图表，还可以按住"Ctrl"键用鼠标直接拖曳复制图表。

（2）图表的移动。

可以采用剪切与粘贴的方法移动图表，还可以将鼠标指针移至图表区域的边缘位置，然后按住鼠标左键拖曳到新的位置。

（3）图表的删除。

选中图表后按"Delete"键即可将其删除。

3. 设置图表元素的布局

（1）选取图表元素。

可以直接在图表中单击选取各个图表元素，也可以单击"图表工具-图表设计"选项卡"图表布局"组中"添加图表元素"按钮，在弹出的下拉列表框中选取各个图表元素，下拉列表框如图 2-49 所示，同时设置其布局位置。

图 2-49 "图表工具-图表设计"选项卡"图表布局"组中"添加图表元素"下拉列表框

（2）调整图表元素。

在工作表中选择图表，然后单击"图表工具-图表设计"选项卡"图表布局"组中"添加图表元素"按钮，在弹出的下拉列表框中选择相应的图表元素，在其级联菜单中进行选择，调整图表元素。"坐标轴"级联菜单如图 2-50 所示，"坐标轴标题"级联菜单如图 2-51 所示。

图2-50 "坐标轴"级联菜单

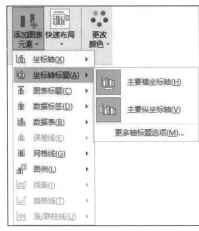

图2-51 "坐标轴标题"级联菜单

项目2.4 管理数据——让账户"可视"又"可控"

数据透视表可以对数据进行快速的汇总、分析和可视化。本项目现在用数据透视表分析问题并打印结果。

2.4.1 任务：使用数据透视表管理数据

管理数据是 Excel 中的重要知识点，包括数据清洗、数据整理、数据转换、数据分组、数据排序、数据筛选等。本任务将介绍 Excel 中管理数据的基本操作。

视频2-4

管理数据

【任务描述】

打开 Excel 工作簿"大学生素质银行.xlsx"，完成以下操作。

（1）数据管理。计算"公寓三比"的总平均分，找出"公寓三比"平均分最高和最低的班级。

（2）页面设置。对工作表"Sheet3"进行页面设置，并实现分页打印。

【示例演练】

本任务涉及数据分析与统计，在任务开始前，请查看电子活页中的内容，掌握 Excel 工作表页面设置、Excel 工作表预览与打印。

1. Excel 工作表页面设置

Excel 工作表打印之前，可以对页面格式进行设置，包括页面、页边距、页眉/页脚、工作表等方面，这些设置都可以通过"页面设置"对话框完成。

单击"页面布局"选项卡"页面设置"组的"页面设置"按钮 ⬜，可打开"页面设置"对话框。

扫描二维码，熟悉电子活页中的内容，学习有关 Excel 工作表页面设置的相关内容，完成设置页面的方向、缩放、纸张大小、打印质量和起始页码，设置页边距，设置页眉和页脚，设置工作表等操作。

电子活页2-15

Excel 工作表页面设置

2. Excel 工作表预览与打印

扫描二维码，熟悉电子活页中的内容，学习有关 Excel 工作表预览与打印的相关内容，完成打印预览、打印等操作。

电子活页2-16

Excel 工作表预览与打印

【任务实现】

打开 Excel 工作簿 "大学生素质银行.xlsx"，然后完成以下操作。

1. 数据管理

（1）启动数据透视图表。

在工作表 "Sheet3" 中单击 "插入" 选项卡 "表格" 组的 "数据透视表" 按钮，打开 "来自表格区域的数据透视表" 对话框。

（2）选择要分析的数据。

在 "来自表格区域的数据透视表" 对话框的 "选择表格或区域" 的 "表/区域" 地址框中直接输入数据源区域的地址，或者单击 "表/区域" 编辑框右侧的 "折叠" 按钮，展开该对话框，在工作表中拖曳鼠标选择数据区域，例如 "A1:U22"，所选中区域的绝对地址值 "$A$1:$U$22" 在折叠对话框的地址框中显示。在折叠对话框中单击 "返回" 按钮，返回折叠之前的对话框。

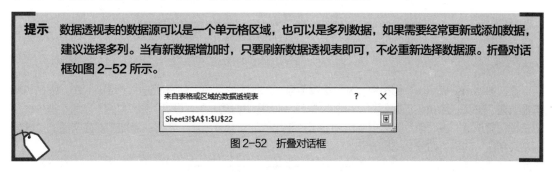

提示 数据透视表的数据源可以是一个单元格区域，也可以是多列数据，如果需要经常更新或添加数据，建议选择多列。当有新数据增加时，只要刷新数据透视表即可，不必重新选择数据源。折叠对话框如图 2-52 所示。

图 2-52　折叠对话框

（3）选择放置数据透视表的位置。

在 "来自表格区域的数据透视表" 对话框的 "选择放置数据透视表的位置" 区域选择 "新工作表" 单选按钮，如图 2-53 所示。

图 2-53　选择 "新工作表" 单选按钮

提示 如果数据较少，也可以选择 "现有工作表" 单选按钮，然后在 "位置" 地址框中输入放置数据透视表的区域地址。

（4）数据透视。

① 设置数据透视表字段

在 "来自表格区域的数据透视表" 对话框中单击 "确定" 按钮，进入数据透视表设计环境，如图 2-54

所示。即在指定的工作表位置创建了一个空白的数据透视表框架，同时在窗口右侧显示一个"数据透视表字段"窗格。

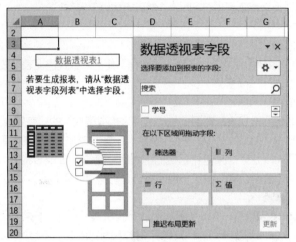

图2-54　数据透视表设计环境

在"数据透视表字段"窗格中，从"选择要添加到报表的字段"列表框选中"班级"和"姓名"复选框，在"在以下区域间拖动字段"区域的"行"列表框中自动显示"班级"和"姓名"字段；选中"公寓三比"复选框，在"值"列表框中自动显示"平均值项：公寓三比"字段。添加了对应字段的"数据透视表字段"窗格，如图2-55所示。

图2-55　添加了对应字段的"数据透视表字段"窗格

在"数据透视表字段"窗格右下方的"值"列表框中单击"求和项：公寓三比"字段，在弹出的下拉列表中选择"值字段设置"选项，如图 2-56 所示。打开"值字段设置"对话框，在该对话框的"值字段汇总方式"列表框中可以选择其他汇总方式，此处选择"平均值"选项，如图 2-57 所示。

图 2-56　选择"值字段设置"选项

图 2-57　"值字段设置"对话框

单击"数字格式"按钮，打开"设置单元格格式"对话框，在该对话框左侧"分类"列表框中选择"数值"选项，将"小数位数"设置为"1"，"设置单元格格式"对话框如图 2-58 所示，接着单击"确定"按钮返回"值字段设置"对话框。

图 2-58　"设置单元格格式"对话框

在"值字段设置"对话框中单击"确定"按钮，完成数据透视表的创建。

② 设置数据透视表的格式

将光标置于数据透视表区域的任意单元格，切换到"数据透视表工具－设计"选项卡，在"数据透视表样式"组中单击选择一种合适的样式，如图 2-59 所示，这里选择"数据透视表样式浅色 15"样式。

图 2-59　在"数据透视表工具－设计"选项卡中选择一种合适的样式

创建的数据透视表的最终效果，如图 2-60 所示。

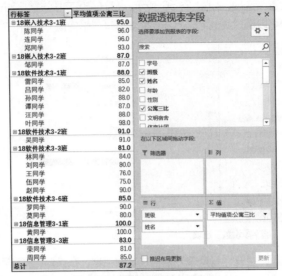

图 2-60　数据透视表的最终效果

由图 2-60 所示的数据透视表可知以下结果。

（a）"公寓三比"的总平均分是 87.2 分。

（b）18 信息管理 3-1 班的"公寓三比"平均分最高。

（c）18 软件技术 3-3 班的"公寓三比"平均分最低。

创建数据透视表后，还可以编辑数据透视表。

切换到"数据透视表工具-分析"选项卡，如图 2-61 所示，利用该选项卡中的选项可以对创建的"数据透视表"进行多项设置，也可以对"数据透视表"进行编辑修改。

图 2-61　"数据透视表工具-分析"选项卡

数据透视表的编辑包括增加与删除数据字段、改变汇总方式、更改数据透视表选项等，大部分操作都可以借助"数据透视表工具-分析"选项卡中选项按钮完成。

③ 增加或删除数据字段

单击"数据透视表工具-分析"选项卡"显示"组的"字段列表"按钮，显示"数据透视表字段"窗格，可以将所需字段拖动到相应区域。

④ 改变汇总方式

单击"数据透视表工具-分析"选项卡"活动字段"组的"字段设置"按钮，打开"值字段设置"对话框，在该对话框中可以改变汇总方式。

⑤ 更改数据透视表选项

单击"数据透视表工具-分析"选项卡"数据透视表"组的"选项"按钮，打开"数据透视表选项"对话框，如图 2-62 所示，可以在该对话框中更改相关设置。

创建数据透视图的方法与创建数据透视表类似，由教材篇幅的限制，这里不再赘述。

图 2-62 "数据透视表选项"对话框

2. 页面设置

（1）设置页面的方向、缩放、纸张大小、打印质量和起始页码。

打开工作表"Sheet2"。

单击"页面布局"选项卡"页面设置"组右下角的"页面设置"按钮，打开"页面设置"对话框。在该对话框的"页面"选项卡中可以设置页面方向（纵向或横向打印）、缩放、纸张大小、打印质量和起始页码。在"缩放"区域中选择"缩放比例"单选按钮，可以设置缩小或者放大打印的比例；选择"调整为"单选按钮，可以按指定的页数打印工作表。"页宽"为表格横向分隔的页数，"页高"为表格纵向分隔的页数。如果要在一张纸上打印超出页面范围的内容时，应设置1页宽和1页高。"打印质量"是指打印时所用的分辨率，分辨率以每英寸打印的点数为单位，点数越大，表示打印质量越好。

这里"方向"选择"纵向"，其他都采用默认设置值，"页面设置"对话框"页面"选项卡如图2-63所示。

图 2-63 "页面设置"对话框"页面"选项卡

（2）设置页边距。

将"页面设置"对话框中切换到"页边距"选项卡，然后设置上、下、左、右边距以及页眉和页脚边距，还可以设置居中方式。这里左、右页边距设置为"1.8"，其他都采用默认设置值，"页面设置"对话框"页边距"选项卡如图 2-64 所示。

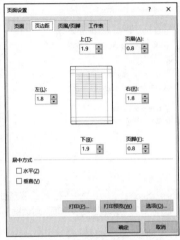

图 2-64　"页面设置"对话框"页边距"选项卡

（3）设置页眉和页脚。

将"页面设置"对话框中切换到"页眉/页脚"选项卡，在"页眉"或"页脚"下拉列表框中选择合适的页眉或页脚，也可以自行定义页眉或页脚，操作方法如下。

① 在"页眉/页脚"选项卡中单击"自定义页眉"按钮，打开"页眉"对话框，将光标定位在"左部""中部"或"右部"文本框中，然后单击对话框中相应的按钮进行设置，按钮包括"格式文本""插入页码""插入页数""插入日期""插入时间""插入文件路径""插入文件名""插入数据表名称""插入图片"等。如果要在页眉中添加其他文字，在编辑框中输入相应文字即可；如果要在某一位置换行，按"Enter"键即可。

这里在"中"文本框输入"大学生素质银行"并选中文字，然后单击"格式文本"按钮 Ａ，在弹出的"字体"对话框中将字体设置为"宋体"，字形设置为"常规"，大小设置为"10"，"字体"对话框如图 2-65 所示。字体设置完成后单击"确定"按钮返回"页眉"对话框，如图 2-66 所示。

在"页眉"对话框中单击"确定"按钮返回"页面设置"对话框的"页眉/页脚"选项卡。

图 2-65　"字体"对话框

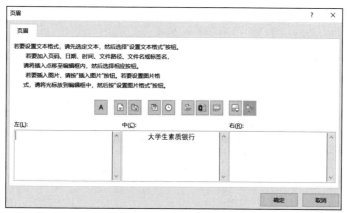

图 2-66 "页眉"对话框

② 在"页眉/页脚"选项卡中单击"自定义页脚"按钮，打开"页脚"对话框，将光标定位在"左部""中部"或"右部"文本框中，然后单击对话框中相应的按钮进行设置。如果要在页脚中添加其他文字，在编辑框中输入相应文字即可；如果要在某一位置换行，按"Enter"键即可。

这里在"中"文本框输入了"第　页"，将光标插入点置于"第"与"页"之间，然后单击"插入页码"按钮，插入页码"&[页码]"。然后单击"格式文本"按钮，在弹出的"字体"对话框中将字体设置为"宋体"，字形设置为"常规"，大小设置为"10"，字体设置完成后单击"确定"按钮返回"页脚"对话框，如图 2-67 所示。

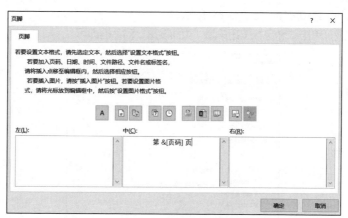

图 2-67 "页脚"对话框

在"页脚"对话框单击"确定"按钮返回"页面设置"对话框的"页眉/页脚"选项卡，如图 2-68 所示。

（4）页面打印。

在"页面设置"对话框中切换到"工作表"选项卡，在该选项卡进行以下设置。

① 设置打印区域

根据需要在"打印区域"地址框中设置打印的范围为"$A$1:$F$30"，如果不设置，系统默认打印工作表中的全部数据。

② 设置打印标题

如果在工作表中包含行列标志，可以使其出现在每页打印输出的工作表中。在"顶端标题行"地址框中指定顶端标题行所在的单元格区域"$1:$1"。

图 2-68 "页面设置"对话框的"页眉/页脚"选项卡

③ 设置打印

选择是否打印"网格线"，是否为"单色打印"，是否为按"草稿质量"打印（不打印框线和图表），是否打印"行和列标题"。

④ 设置打印顺序

选择"先行后列"打印顺序，如图 2-69 所示。

工作表设置完成，单击"确定"按钮关闭"页面设置"对话框即可。

图 2-69 选择"先行后列"打印顺序

（5）分页打印。

单击第 1 列对应的行号，例如第 20 行，在"页面布局"选项卡"页面设置"组"分隔符"下拉列表框中选择"插入分页符"选项，如图 2-70 所示，即可插入分页符。其他需要分页的位置也按此方法插入分页符。

图 2-70 "分隔符"下拉列表框中选择"插入分页符"选项

在 Excel 2016 窗口功能区单击"文件"选项卡，单击左侧的"打印"按钮，显示到"打印"界面，在"打印"界面设置完成后，连接打印机，单击"打印"按钮，即可开始打印。

2.4.2 知识讲解

接下来对上节任务用到的知识进行梳理。

1. 数据透视表和数据透视图

数据透视表和数据透视图是 Excel 中非常实用的数据管理和分析工具。它们可以帮助用户快速、准确地分析和整理数据，并提供丰富的可视化图表。

（1）数据透视表。

数据透视表是 Excel 中的一个重要组件，可以对数据进行汇总、分析和可视化。数据透视表还具有自定义选项，可以根据用户的需求进行定制。

① 基本功能

数据透视表的基本功能包括：计算数据的总和、平均值、中位数、众数等统计量；提供多种可视化图表，如折线图、柱状图、饼图等；自定义图表样式和颜色；添加标签和标题。

② 高级功能

数据透视表的高级功能包括：添加子表格和子字段；自定义计算字段和筛选条件；连接多个数据透视表；生成动态图表。

（2）数据透视图。

数据透视图（数据透视表的可视化版）是对数据进行可视化和交互式分析的工具。数据透视图也具有自定义选项，可以根据用户的需求进行定制。

① 基本功能

数据透视图的基本功能包括：显示数据之间的关系和趋势；提供多种交互式功能，如添加标签、添加标题、筛选、排序等；添加子表格和子字段。

② 高级功能

数据透视图的高级功能包括：动态生成图表；连接多个数据透视表；生成报告和演示文稿；自定义图表样式和颜色。

2. 创建数据透视表和数据透视图

数据透视表和数据透视图的创建过程如下。

（1）数据透视表。

① 打开 Excel，选择"插入"选项卡。

② 选择"数据透视表"按钮，选择数据源，可以从工作表或数据框中选择数据。

③ 单击"确定"，创建数据透视表。

（2）数据透视图。

① 打开 Excel，选择"插入"选项卡。

② 选择"数据透视图"按钮，选择数据源，可以从工作表或数据框中选择数据。

③ 单击"确定"，创建数据透视图。

创建数据透视表和数据透视图的步骤可以参考上述步骤。在创建数据透视表和数据透视图时，可以根据用户的需求进行自定义。此外，还可以使用 Excel 中的"数据透视表设计器"来创建自定义的数据透视表和数据透视图。

2.5 小结

本模块通过四个项目介绍了 Excel 2016 的输入与编辑数据、数据计算和筛选、数据统计与分析以及管理数据等操作。希望通过本模块的学习，同学们能够利用 Excel 2016 分析与处理各种数据。

2.6 习题

一、单选题

1. 默认情况下，Excel 文档的扩展名是（　　）。
   A．.doc B．.ppt C．.xls D．.bmp

2. 用于设置 Excel 单元格水平对齐方式的选项是（　　）。
   A．居中 B．垂直居中 C．顶端对齐 D．底端对齐

3. Excel 中如果一个单元格中的内容是以"＝"开头，则说明该单元格中的内容是（　　）。
   A．常数 B．公式 C．提示信息 D．无效数据

4. 在 Excel 表格中，"D3"表示该单元格位于（　　）。
   A．第 4 行第 3 列 B．第 3 行第 4 列
   C．第 3 行第 3 列 D．第 4 行第 4 列

5. 在 Excel 中进行数值分析时要使用函数。下列关于函数的叙述中正确的是（　　）。
   A．AVERAGE 函数可以求出所选择区域数据的个数
   B．SUM 函数可以求出所选择区域数据的和
   C．COUNT 函数可以将所选区域的数据按照降序排列
   D．MAX 函数是求所选区域的数据的最小值

6. 王亮同学想比较一下前几次单元测试中自己的成绩是进步了还是退步了，他使用哪种图表进行成绩分析会比较直观？（　　）
   A．柱形图 B．条形图 C．折线图 D．饼图

7. 下列关于表格信息加工的说法不正确的是（　　）。
   A．一个 Excel 工作簿只能有一张工作表
   B．SUM 函数可以进行求和运算
   C．"B3"表示第 3 行 B 列处的单元格地址
   D．分类汇总可能使分类后每组数据分页显示

8. 在 Excel 工作表中，单元格区域"D2:E4"所包含的单元格个数是（　　）。
   A．5 B．6 C．7 D．8

9. 在 Excel 单元格中输入公式"＝10-3*2"，按下"Enter"键后，单元格中显示（　　）。
   A．14 B．4 C．10-3*2 D．＝10-3*2

10. 在 Excel 单元格"D5"中输入公式"＝AVERAGE(D2:D4)"后，将单元格"D5"复制到单元格"F5"，则单元格"F5"将显示（　　）。
    A．＝AVERAGE(D2:D4) B．＝AVERAGE(F2:F4)
    C．＝AVERAGE(F$2:F$4) D．＝AVERAGE($F$2:$F$4)

11. 调查数据显示：100 名小学生的用书中，外文书 356 本，辅导书 879 本，古典名著 425 本。要用 Excel 制作一张"小学生用书比例图表"，应该选择的图表类型是（ ）。

  A. 柱形图   B. 折线图   C. 饼图   D. 条形图

12. 若要用 Excel 图表直观分析李娟同学英语成绩的变化趋势，最合适的图表类型是（ ）。

  A. 柱形图   B. 折线图   C. 饼图   D. 条形图

13. 下列关于 Excel 描述正确的是（ ）。

  A. 一个 Excel 工作簿只有 3 个工作表

  B. Excel 工作簿默认的扩展名是 doc

  C. "F2"表示的是第 6 行第 2 列的单元格

  D. Max（ ）函数可以计算一组数据的最大值

14. 某 Excel 工作表中，存放了商品的销售统计，想利用"筛选"功能，把销售量不低于 5000 以及销售量低于 2000 的商品全部选出来，筛选的条件应该是（ ）。

  A. "大于 5000"与"小于 2000"

  B. "大于或等于 5000"与"小于 2000"

  C. "大于或等于 5000"或"小于 2000"

  D. "大于 5000"或"小于或等于 2000"

15. 在 Excel 中，若单元格"C1"中公式为"= A1+B2"，将其复制到单元格"E5"，则"E5"中的公式是（ ）。

  A. = C3+A4   B. = C5+D6   C. = C3+D4   D. = A3+B4

16. 想快速找出"成绩表"中成绩最好的前 20 名学生，合理的方法是（ ）。

  A. 给成绩表进行排序

  B. 要求成绩输入时严格按高低分录入

  C. 只能一条一条看

  D. 进行分类汇总

二、多选题

1. 下列哪些是 Excel 的常见数据类型？（ ）

  A. 文本   B. 数字   C. 日期   D. 图像

2. 在 Excel 中，以下哪些是有效的图表类型？（ ）

  A. 折线图   B. 饼图   C. 柱状图   D. 二维码图

3. 下列哪些是 Excel 的常见函数？（ ）

  A. SUM（求和）   B. AVERAGE（平均值）

  C. MAX（最大值）   D. LEN（字符串长度）

4. 在 Excel 中，以下哪些操作可以将单元格内容复制到其他单元格？（ ）

  A. 剪切   B. 复制   C. 粘贴   D. 撤销

5. 在 Excel 中，以下哪些功能可以对数据进行筛选和排序？（ ）

  A. 数据透视表 B. 条件格式 C. 排序和筛选功能 D. 图表

6. 在 Excel 中，以下哪些操作可以对数据进行求和？（ ）

  A. 使用 SUM 函数   B. 使用 COUNT 函数

  C. 使用 AVERAGE 函数   D. 使用 MAX 函数

7. 下列哪些是 Excel 中常用的数据分析工具？（ ）

  A. 数据透视表 B. 条件格式 C. 目标求解 D. 基本统计分析

8. 在 Excel 中，以下哪些功能可以对单元格内容进行格式化？（　　）

    A. 文本加粗　　　　　　B. 数字格式化　　　C. 字体颜色　　　　　　D. 单元格边框

9. 在 Excel 中，以下哪些操作可以实现单元格内容的合并和拆分？（　　）

    A. 合并单元格功能　　　　　　　　　B. 拆分单元格功能

    C. 剪切和粘贴　　　　　　　　　　　D. 插入和删除单元格

10. 在 Excel 中，以下哪些功能可以对数据进行图表化展示？（　　）

    A. 折线图　　　　　　　B. 饼图　　　　　　C. 散点图　　　　　　D. 数据透视表

三、操作题

1. 在 Excel 中，使用函数计算以下表达式的结果，并填入相应的单元格中。

A1 = 10

A2 = 20

A3 = 30

A4 = 40

A5 = 50

B1 = SUM(A1:A5) + A3

B2 = A1 * A4 − A2

B3 = A5 / A2

B4 = A4^2

B5 = SQRT(A3)

2. 在 Excel 中按如下要求制作学生成绩统计表。

（1）在表格的第一行从左至右分别输入"姓名""HTML5 基础""程序设计基础""数据库设计与实现""云计算基础"然后任意输入 10 个同学的姓名以及相应的四门课程的成绩。

（2）在表格右侧添加"平均分"列，并使用公式计算全部学生四门课程的平均分。

（3）根据平均分，按由高到低的顺序对学生成绩单进行重新排序。

（4）在表格下方插入柱形图，要求展示每位同学每门课程的成绩，柱形图中需包含标题、横纵坐标、横纵坐标轴标题、图例等元素。

模块三
操作与应用PowerPoint 2016——软实力铸造硬功夫

一份好的演示文稿可以帮助销售人员赢得项目、帮助公司赢得客户、帮助企业获得投资。PowerPoint 2016 集成了制作演示文稿的各项功能，支持在演示文稿中嵌入视频、音频以及文字或表格等其他对象，可以方便快捷地制作出图文并茂、有声有色、形象生动的演示文稿，并且可以在各种设备上直接播放。使用 PowerPoint 2016 是一种通过软实力展现硬功夫的手段。

项目 3.1 抽丝剥茧 PowerPoint 2016——掌握软件使用以提升效能

《中华人民共和国国民经济和社会发展第十四个五年规划和 2035 年远景目标纲要》（以下简称"十四五"规划纲要）指出"十四五"时期是我国全面建成小康社会、实现第一个百年奋斗目标之后，乘势而上开启全面建设社会主义现代化国家新征程、向第二个百年奋斗目标进军的第十四个五年。本模块操作演示及项目案例节选"十四五"规划纲要中相关内容，以体现我国未来建设发展目标，并通过 PowerPoint 2016 展示其核心思想。

3.1.1 任务：初识 PowerPoint 2016

PowerPoint 2016 提供了一个直观且易于使用的界面，用户可以创建和编辑幻灯片内容，包括文本、图像和多媒体等。本任务通过简单操作来熟悉 PowerPoint 2016 软件的界面及基本功能。

【任务描述】

本任务中将创建一个演示文稿文件，帮助读者熟悉 PowerPoint 2016 的界面，了解各项常用功能并掌握制作演示文稿的一些基础方法，为后续任务做好技术准备。本任务要求完成以下操作。
（1）创建新的演示文稿。
（2）保存演示文稿。
（3）应用主题。

【示例演练】

本任务涉及 PowerPoint 2016 软件的启动、退出等基本操作，在开始任务前，请扫描二维码，查看电子活页中的内容并学习这些操作。

1. 启动与退出 PowerPoint 2016

扫描二维码，熟悉电子活页中的内容，完成启动、退出 PowerPoint 2016 等操作。

电子活页 3-1

启动与退出
PowerPoint 2016

2．演示文稿基本操作

扫描二维码，熟悉电子活页中的内容，完成以下各项操作。

（1）创建演示文稿。

（2）利用模板创建演示文稿。

（3）保存演示文稿。

（4）关闭演示文稿。

（5）打开演示文稿。

3．幻灯片基本操作

扫描二维码，熟悉电子活页中的内容，完成以下各项操作。

（1）添加幻灯片。

启动 PowerPoint 2016，添加一页新的幻灯片。

（2）选定幻灯片。

完成选定单张幻灯片、选定多张连续的幻灯片、选定多张不连续的幻灯片、选择所有幻灯片等操作。

（3）移动幻灯片。

采用不同的方法移动幻灯片。

（4）复制幻灯片。

采用不同的方法复制幻灯片。

（5）删除幻灯片。

采用不同的方法删除幻灯片。

4．在演示文稿中重用幻灯片

重用幻灯片是指在不打开源演示文稿的情况下，直接从其中导入所需的幻灯片。熟悉电子活页中的内容，完成以下各项操作。

（1）创建演示文稿。

（2）重用幻灯片。

电子活页 3-2

演示文稿基本操作

电子活页 3-3

幻灯片基本操作

电子活页 3-4

在演示文稿中重用
幻灯片

【任务实现】

1．创建新的演示文稿

启动 PowerPoint 2016，在"新建"选项卡中单击"空白演示文稿"，系统自动创建一个新的演示文稿，并且自动添加第 1 张幻灯片。

2．保存演示文稿

单击快速访问工具栏中的"保存"按钮，显示"另存为"界面，在该界面单击"浏览"按钮，弹出"另存为"对话框，以"五四青年节活动方案.pptx"为文件名，将创建的演示文稿保存在文件夹"模块 3"中。

3．应用主题

主题通过调整颜色、字体和图形来设置演示文稿的外观。使用预先设计好的主题，可以轻松快捷地更改演示文稿的整体外观效果。

（1）在"设计"选项卡"主题"组的下拉列表框中选择要应用的主题"水滴"，如图 3-1 所示。

（2）在"水滴"主题上单击鼠标右键，在弹出的快捷菜单中选择"应用于所有幻灯片"选项，如图 3-2 所示。

（3）在快速访问工具栏中单击"保存"按钮，保存主题选择。

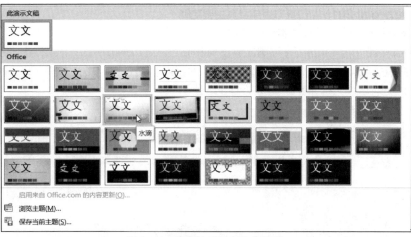

图 3-1　选择要应用的主题"水滴"

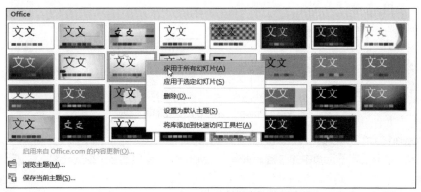

图 3-2　选择"应用于所有幻灯片"选项

3.1.2　知识讲解

1. PowerPoint 基本概念

（1）演示文稿。

PowerPoint 文件一般称为演示文稿文件或 PPT 文件，其扩展名为".pptx"。演示文稿由一张张既独立又相互关联的幻灯片组成。

（2）幻灯片。

幻灯片是演示文稿的基本组成元素，是演示文稿的表现形式。幻灯片的内容可以是文字、图像、表格、图表、视频和声音等。

（3）幻灯片对象。

幻灯片对象是构成幻灯片的基本元素，是幻灯片的组成部分，包括文字、图像、表格、图表、视频和声音等。

（4）幻灯片版式。

幻灯片版式是指幻灯片中对象的布局方式，它包括对象的种类以及对象之间的相对位置。

（5）幻灯片模板。

幻灯片模板是指演示文稿整体上的外观风格，它包含预定的文字格式、颜色、背景图案等。用户可以选用系统提供的若干模板，也可以自建模板，或者下载网络上的模板。

2. PowerPoint 2016 窗口基本组成及其主要功能

（1）PowerPoint 2016 窗口基本组成。

PowerPoint 2016 启动成功后，屏幕上会出现 PowerPoint 2016 窗口，该窗口主要由快速访问工具栏、标题栏、功能区、大纲/幻灯片浏览窗格、幻灯片窗格、备注窗格、视图快捷方式、状态栏等元素组成，PowerPoint 2016 窗口的基本组成如图 3-3 所示。

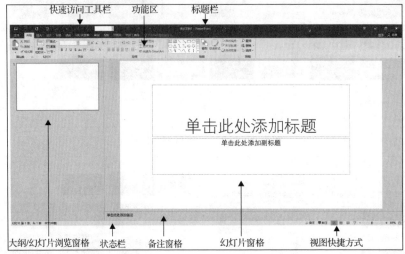

图 3-3　PowerPoint 2016 窗口的基本组成

（2）PowerPoint 2016 窗口组成元素的主要功能。

扫描二维码，熟悉电子活页中的内容，掌握 PowerPoint 窗口的各个组成元素的主要功能。

电子活页 3-5

PowerPoint 窗口组成元素的主要功能

3. PowerPoint 2016 演示文稿的视图类型

视图是用户查看幻灯片的窗口，PowerPoint 能够以不同的视图类型来显示演示文稿的内容，不同视图下观察幻灯片的效果不同。PowerPoint 2016 提供了多种可用的视图类型，分别是：普通视图、大纲视图、幻灯片浏览视图、备注页视图和阅读视图。PowerPoint 2016 窗口下方状态栏中的视图快捷方式如图 3-4 所示，从左至右依次为"普通视图"按钮、"幻灯片浏览视图"按钮、"阅读视图"按钮。功能区"视图"选项卡"演示文稿视图"组的视图切换按钮如图 3-5 所示。

图 3-4　状态栏中的视图快捷方式

图 3-5　"视图"选项卡"演示文稿视图"组的视图切换按钮

4. 在幻灯片中输入与编辑文字

扫描二维码，熟悉电子活页中的内容，完成以下操作。

（1）创建并打开演示文稿"品经典诗词、悟人生哲理.pptx"，在该演示文稿中添加多张幻灯片，各张幻灯片的版式可以分别选择"标题幻灯片""标题和内容""仅标题""标题和竖排文字"和"空白"。

（2）在各张幻灯片中输入"模块 3"文件夹中"品经典诗词、悟人生哲理.docx"Word 文档中的名言名句。

电子活页 3-6

在幻灯片中输入与编辑文字

5. 在幻灯片中插入与设置媒体对象

在幻灯片中可以插入表格、图表、艺术字、SmartArt 图形、图片、形状、视频、音频等媒体对象，并且可以对这些媒体对象进行编辑。

（1）在幻灯片中插入与设置图片。

在幻灯片中可以插入多种格式的图片，包括 jpg、bmp、gif、wmf、png、svg、ico 等多种图片格式。

选中要插入图片的幻灯片，单击"插入"选项卡"图像"组的"图片"按钮，打开"插入图片"对话框，在该对话框中选择合适的图像文件，然后单击"插入"按钮即可在当前幻灯片中插入图片。

接下来可以在幻灯片中调整图片的大小和位置，还可以使用"图片工具－格式"选项卡设置图片样式、图片边框、图片效果、图片版式或者对图片进行裁剪、旋转。

（2）在幻灯片中插入与设置形状。

PowerPoint 中形状主要包括线条、矩形、基本形状、箭头总汇、公式形状、流程图、星与旗帜、标注等，每一类形状都有多种不同的图形。

单击"插入"选项卡"插图"组的"形状"按钮，从其下拉列表框中选择所需形状，在幻灯片中拖曳鼠标绘制图形即可。

插入到幻灯片中的形状，可以对其大小和位置进行调整，也可以删除，操作方法与在 Word 文档中相同。

电子活页 3-7

（3）在幻灯片中插入与设置艺术字。

扫描二维码，熟悉电子活页中的内容，完成以下操作。

① 创建并打开演示文稿"夏日清凉绿意深.pptx"，在该演示文稿中添加 1 张幻灯片，该幻灯片采用"空白"版式。

② 在幻灯片中插入艺术字"夏日清凉绿意深"。

③ 艺术字的样式为"图案填充—蓝色，着色 1，浅色下对角线，轮廓：着色 1"。

④ 艺术字的文本效果为"绿色，8pt 发光，个性色 6"。

插入艺术字"夏日清凉绿意深"的最终效果如图 3-6 所示。

在幻灯片中插入与
设置艺术字

图 3-6　插入艺术字"夏日清凉绿意深"的最终效果

（4）在幻灯片中插入与设置 SmartArt 图形。

扫描二维码，熟悉电子活页中的内容，完成以下操作。

① 创建并打开演示文稿"活动方案目录.pptx"，在该演示文稿中添加 1 张幻灯片，该幻灯片采用"空白"版式。

② 在幻灯片中插入 SmartArt 图形中的"垂直图片重点列表"，垂直图片重点列表项数量设置为 4 项，颜色选择"彩色范围-个性色 2 至 3"，SmartArt 样式选择"强烈效果"。

③ 在"垂直图片重点列表"SmartArt 图形的各个编辑框中依次输入文字"活动主题""活动目的""活动过程"和"预期效果"。

④ 在 SmartArt 图形左侧小圆形中分别插入图片"图片 1.jpg""图片 2.jpg""图片 3.jpg"和"图片 4.jpg"。SmartArt 图形及其编辑状态如图 3-7 所示。

⑤ 调整 SmartArt 样式的大小和位置。在幻灯片中插入 SmartArt 图形的最终效果如图 3-8 所示。

电子活页 3-8

在幻灯片中插入与设置 SmartArt 图形

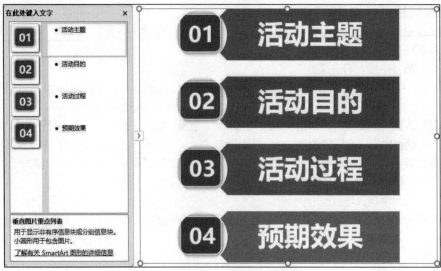

图 3-7　SmartArt 图形及其编辑状态

图 3-8　在幻灯片中插入 SmartArt 图形的最终效果

（5）在幻灯片中插入与设置文本框。

扫描二维码，熟悉电子活页中的内容，完成以下操作。

① 创建并打开演示文稿"在幻灯片中插入与设置文本框.pptx"，在该演示文稿中添加一张幻灯片，该幻灯片采用"空白"版式。

② 在"插入"选项"文本"组中单击"文本框"按钮，选择"绘制横排文本框"选项，在文本框中输入文字"勿以恶小而为之，勿以善小而不为"。

③ 设置文本框中文字的格式。

（6）在幻灯片中插入与设置表格。

扫描二维码，熟悉电子活页中的内容，完成以下操作。

① 创建并打开演示文稿。创建并打开演示文稿"在幻灯片中插入与设置表格.pptx"，在该演示文稿中添加 1 张幻灯片，该幻灯片采用"空白"版式。

② 插入表格。插入一个 6 行 4 列的表格，在表格中标题行分别输入标题文字"序号""图书名称""ISBN""价格"，然后分别输入图书的对应内容。

③ 设置表格文字的格式。将表格中文字的字号设置为"12"，中文字体设置为"宋体"，表格各行都设置为"垂直居中"，表格标题行文字的对齐方式设置为"居中"，第 2 列除标题行之外所有行的对齐方式设置为"左对齐"，其他列所有行的水平对齐方式设置为"居中"。

电子活页 3-9

在幻灯片中插入与设置文本框

电子活页 3-10

在幻灯片中插入与设置表格

④ 调整表格的行高和列宽。用鼠标拖曳的方法调整表格的行高和列宽。

⑤ 设置表格样式。在"表格样式"中选择"中度样式2-强调5"样式。

⑥ 调整表格在幻灯片中的位置。拖曳表格可以调整表格在幻灯片中的位置。6行4列表格的最终效果如图3-9所示。

序号	图书名称	ISBN	价格
1	HTML5+CSS3移动Web开发实战	9787115502452	58.00
2	给Python点颜色 青少年学编程	9787115512321	59.80
3	零基础学Python（全彩版）	9787569222258	79.80
4	数学之美（第二版）	9787115373557	49.00
5	自然语言处理入门	9787115519764	99.00

图3-9　6行4列表格的最终效果

（7）在幻灯片中插入与设置 Excel 工作表。

扫描二维码，熟悉电子活页中的内容，完成以下操作。

① 创建并打开演示文稿"在幻灯片中插入与设置 Excel 工作表.pptx"，在该演示文稿中添加一张幻灯片，该幻灯片采用"空白"版式。

② 在幻灯片中插入 Excel 文件"五四青年节系列活动经费预算.xlsx"。

（8）在幻灯片中插入声音和视频。

为了增强演示文稿的效果，可以在演示文稿中添加声音，以达到强调或实现特殊效果的目的。在幻灯片中插入音频后，将显示一个播放音频文件的图标。视频文件也可以插入幻灯片中。

扫描二维码，熟悉电子活页中的内容，完成以下操作。

① 创建并打开演示文稿"在幻灯片中插入声音和视频.pptx"，在该演示文稿中添加2张幻灯片，2张幻灯片都采用"空白"版式。

② 在幻灯片中插入声音文件"欢快.mp3"，将声音开始播放方式设置为"自动"。

③ 插入视频文件"九寨沟宣传视频.mp4"，将视频播放方式设置为"全屏播放"和"播放完毕返回开头"。

6. 在幻灯片中插入与设置超链接

超链接用于从幻灯片快速跳转到链接的对象。

扫描二维码，熟悉电子活页中的内容，打开演示文稿"在幻灯片中插入与设置超链接.pptx"，在该演示文稿中选择合适的方法完成以下操作。

（1）链接到已有的 Word 文件。

① 打开演示文稿"在幻灯片中插入与设置超链接.pptx"，选中"目录"幻灯片。

② 在幻灯片中选择设置为超链接的文字"活动过程"。

③ 插入超链接，链接到"模块3"文件夹中的 Word 文档"'五四'晚会活动过程.docx"。

④ 在幻灯片中，设置超链接提示文字"'五四'晚会活动过程"。

（2）链接到同一文稿中的其他幻灯片。

① 打开演示文稿"感恩活动策划.pptx"，选中"目录"幻灯片。

② 为"目录"页中的文字"活动目的""活动安排""活动计划""活动过程""活动准备"和"经费

电子活页 3-11

在幻灯片中插入与
设置 Excel 工作表

电子活页 3-12

在幻灯片中插入声音
和视频

电子活页 3-13

在幻灯片中插入与
设置超链接

预算"设置超链接，链接到本演示文稿中对应的幻灯片。

7. 在幻灯片中插入与设置动作按钮

PowerPoint 2016 提供了多种实用的动作按钮，可以将这些动作按钮插入幻灯片中，并定义链接来改变幻灯片的播放顺序。

扫描二维码，熟悉电子活页中的内容，完成以下操作。

① 打开演示文稿"感恩活动策划.pptx"，选中幻灯片"活动安排"。

② 在幻灯片中插入"动作按钮：前进或下一项"按钮▷。

③ "单击鼠标时的动作"选择"超链接到"，并设置为"下一张幻灯片"，"播放声音"选择"单击"。

④ 动作按钮的外观形状设置为"细微效果–蓝色，强调颜色 1"。

电子活页 3-14

在幻灯片中插入与
设置动作按钮

8. 幻灯片中的对象格式设置

（1）文字方向设置。

通常情况下，我们习惯从左到右，横着看幻灯片的文字，其实把文字竖着写、斜着写、十字交叉写、错位写，会让文字呈现得更别具魅力。

文字方向设置有以下 3 个技巧。

① 一般的幻灯片中文字采用左右横置，符合阅读习惯。

② 汉字是方块字，可以竖向排列。竖式阅读是从上到下、从右往左看，一般加上竖式线条修饰更有助于观众保持阅读方向。

③ 无论是中文还是英文，都可以把文字斜向排列。斜向排列的字体往往打破了大家默认的阅读视野，有很强的冲击力。如果文字斜向排列，文字的内容不宜太多。

（2）文字修饰与美化。

幻灯片中常规的文字修饰效果有加粗、斜体、划线、阴影、删除线、密排、松排、变色、艺术字等。艺术字样式有文本填充（填充文字内部的颜色）、文本轮廓（填充文字外框的颜色）和文本效果（设置文字阴影等特效）。艺术字特效里面有一种转换特效，可以制作出各种弯曲的字体，如果加上拉伸调整和换行操作，可以呈现非常有趣的效果。

幻灯片中将文字用各种形状包围，可获得更具修饰感的文字形状，利用形状组合和颜色遮挡可以获得一些特殊的效果。

文字修饰与美化有以下 4 个技巧。

① 用轮廓线美化文本：添加轮廓线美化标题文字。

② 使用精美的艺术字：为选择的文字添加艺术字效果。

③ 快速美化文本框：设置文本框边框与填充效果。

④ 格式刷引用文本格式：使用格式刷保证格式相同。

（3）幻灯片段落排版。

单击"开始"选项卡"段落"组右下角的按钮⬏，打开"段落"对话框，在该对话框中可以设置对齐方式、缩进、行距和段间距等。

扫描二维码，熟悉电子活页中的内容，掌握设置行间距、设置段落间距、设置缩进和设置文字对齐方式的方法。

（4）在幻灯片中使用默认样式。

扫描二维码，熟悉电子活页中的内容，掌握在幻灯片中使用默认线条、形状、文本框样式的方法。

电子活页 3-15

幻灯片段落排版

电子活页 3-16

在幻灯片中使用默认
样式

9. 使用主题统一幻灯片风格

扫描二维码，熟悉电子活页中的内容，掌握幻灯片中使用主题统一幻灯片风格的各种方法，包括应用 PowerPoint 主题、快速更换主题、新建自定义主题、设置背景样式等。

10. 幻灯片快速调整字体

（1）全局性快速更改字体。

有时候幻灯片设计者希望将整个演示文稿中的所有文字统一成某指定字体，这种全局性更改字体的需求在许多时候可以通过在"设计"选项卡"变体"组中单击"其他"按钮，在其下拉列表框中选择"字体"选项，再选择"字体"级联菜单中的某种字体来实现。

电子活页 3-17

使用主题统一幻灯片风格

占位符是一种用于在幻灯片上放置特定类型内容的预定义区域。在默认情况下，使用占位符生成的文本或新插入的文本框、形状、图表等对象中的文字都会自动套用主题字体。这些统一使用主题字体的文字内容，其字体类型会随着"主题"中"字体"的更改而自动同步更新。因此，只要没有对文字对象设置过主题字体以外的其他自选字体，就可以通过这个功能快速地实现全局性的字体更改。

除了应用内置的主题字体以外，还可以创建自定义的主题字体方案。一个完整的主题字体方案包括西文和中文以及标题字体和正文字体 4 种字体类型组合。新建主题字体的方法如下：在"设计"选项卡"变体"组中单击"其他"按钮，在其下拉列表框中选择"字体"选项，在"字体"级联菜单中选择最下方的"自定义字体"选项，打开"新建主题字体"对话框，西文标题字体选择"Arial Black"，西文正文字体选择"Times New Roman"，中文标题字体选择"微软雅黑"，中文正文字体选择"黑体"，名称定义为"我的主题字体 1"，"新建主题字体"对话框如图 3-10 所示。

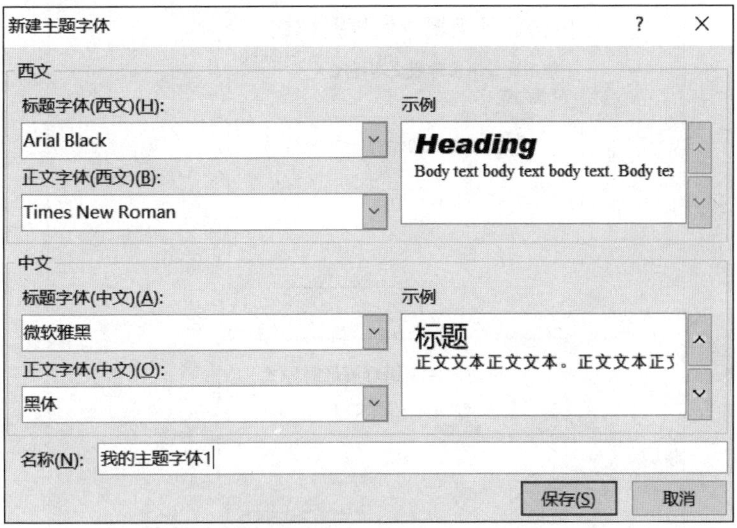

图 3-10　"新建主题字体"对话框

可以根据实际需要设置幻灯片中的字体，幻灯片文档中的文本内容会根据自身文字的类别自动改变字体。标题占位符的文本自动对应使用"标题"字体，其他文本则自动对应使用"正文"字体。

（2）通过大纲视图更改字体。

如果在幻灯片的设计过程中，使用页面中的占位符进行内容和文字的编辑，那么还可以通过大纲视图来批量设置一页幻灯片或多页幻灯片中的字体，方法如下。

① 切换至大纲视图。

② 在左侧大纲窗格选取需要更改字体的幻灯片。

选中某张幻灯片：单击左侧幻灯片的图标即可。

区域选取幻灯片：选中开头，然后按住"Shift"键，选中结尾。

不连续选取幻灯片：按住"Ctrl"键，分别单击鼠标选取不连续的区域。

全部选中幻灯片：按"Ctrl+A"键。

③ 在"开始"选项卡"字体"组中更改新字体即可。

使用大纲方式统一设置字体，不仅可以设置字体类型，还可以设置字体颜色和字号等，更加灵活方便。

更改段落文字以后，在大纲窗格中选择幻灯片，单击鼠标右键，在弹出的快捷菜单中选择"升级"或"降级"命令即可调整大纲级别。

（3）通过母版版式更换字体。

对于使用占位符编辑演示文稿中的文字内容的情况，在母版的版式中直接更改占位符的字体样式，可以影响到整个演示文档中使用此版式的所有幻灯片中的字体。比使用主题字体设置全局字体更有利的是，通过母版版式更换字体不仅可以设置字体类型，还可以设置字体大小和样式。

如果要对所有版式中的占位符字体进行统一修改，可以直接在母版视图中进行设置，而不需要单独对每一个版式进行操作。例如，想要整体设置标题的字体，可以直接在母版视图中设置标题占位符的字体。

如果想要知道某个版式的应用情况，可以在母版视图下将光标停留在这个版式上，系统就会自动弹出一个信息框，显示该版式正在被哪些幻灯片使用中，如图3-11所示，"标题和内容"版式由幻灯片2、4～5、8使用。如果母版的某个版式正在被幻灯片页面使用，就无法对这个版式执行删除操作。

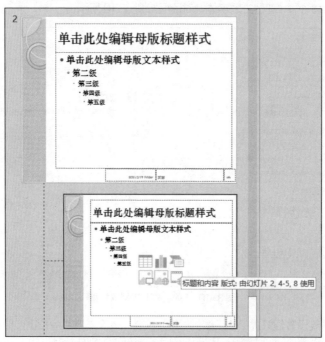

图3-11　显示该版式正在被哪些幻灯片使用中

（4）直接替换字体。

除了在主题和母版上进行操作，PowerPoint 2016 还支持直接根据现有字体的类型来进行指定的替换。使用这一方法进行文字替换比较有针对性，每次只对同一种字体的文字起作用，不会影响其他文字。

单击"开始"选项卡"编辑"组中的"替换"下拉按钮，在"替换"下拉列表框中选择"替换字体"选项，如图 3-12 所示。在弹出的"替换字体"对话框中分别设置被替换的字体和替换的目标字体，"替换字体"对话框如图 3-13 所示，然后单击"替换"按钮，即可完成字体替换操作。

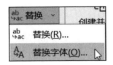

图 3-12　在"替换"下拉列表框中选择"替换字体"选项　　　　图 3-13　"替换字体"对话框

项目 3.2　解构演讲文案——视觉化表达让内容亮起来

演示文稿的制作是逻辑能力、视觉设计以及演讲能力的多重结合。具有美学功底的制作者制作的 PPT 虽然漂亮，但是未必符合演示文稿在演示及演讲上的要求。图 3-14 所示的案例作品完全符合配色协调、版式美观及字体选用合理的要求，但是该案例作品页面中显眼的是插画而不是该页面所需要反映的核心内容，且文字篇幅过大，读者需要花费大量时间自行寻找信息点来了解插画与文字的逻辑关系，使得这个案例作品更像一个画册而非演示文稿。

视频 3-1

解构演讲文案

图 3-14　案例作品

3.2.1　任务：使用视觉化表达方式设计演示文稿

很多人认为做好演示文稿的核心是配色协调、版式美观及字体选用合理。不可否认，一份演示文稿如果做到以上三点，能为演示文稿作品加分，但这三点并不是核心要求。本任务将使用视觉化设计方法来设计 PowerPoint（PPT）的内容。

【任务描述】

优秀的平面设计师未必能做出一套优质的演示文稿，因为演示文稿有一套自己的"设计语言"。我们在本任务中为"十四五"规划纲要进行演讲文案解构。本任务要求完成以下操作。

（1）使用“从数据出发”方法进行视觉化表达设计。

（2）使用“从论点出发”方法进行视觉化表达设计。

（3）使用“从总结出发”方法进行视觉化表达设计。

【示例演练】

本任务涉及通过视觉化设计来组织演示文稿内容，我们先通过一个示例来理解视觉化设计。

文字表达设计如图 3-15 所示，一段文字包含了文件条例及具体事项的描述说明，这是很多官方文案的形式。这段文字表达了一个观点，并介绍了支撑这个观点所需的各项材料。本例中的核心观点是 XXX 汽车财务有限公司增加注册资本，其他的内容只是作为支撑来体现这个核心内容，但在演讲过程中让观众去读这段文字就会分散观众收听演讲的注意力。

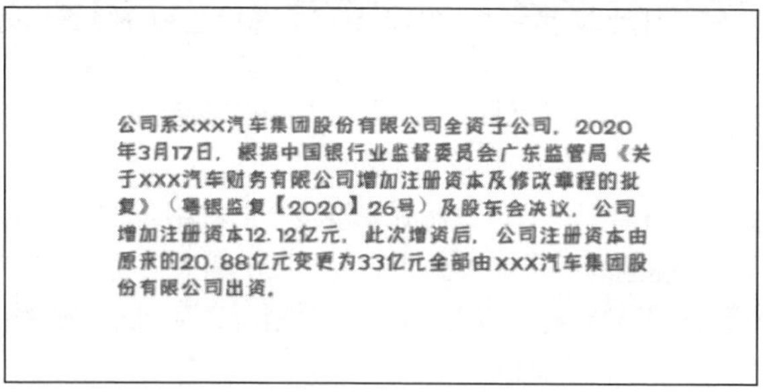

公司系XXX汽车集团股份有限公司全资子公司，2020年3月17日，根据中国银行业监督委员会广东监管局《关于XXX汽车财务有限公司增加注册资本及修改章程的批复》（粤银监复【2020】26号）及股东会决议，公司增加注册资本12.12亿元，此次增资后，公司注册资本由原来的20.88亿元变更为33亿元全部由XXX汽车集团股份有限公司出资。

图 3-15　文字表达设计

如果换成视觉化表达设计如图 3-16 所示，就会快速强化观众对核心内容的理解。视觉化表达可以帮助观众快速地理解信息的内涵并与观众产生共鸣。

增资注册资本
20.88亿
33亿
全部由XXX汽车集团股份有限公司出资。

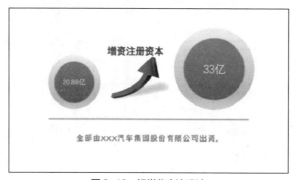

图 3-16　视觉化表达设计

【任务实现】

在任务实现部分，我们会通过具体的视觉化表达提炼手段来解构“十四五”规划纲要节选内容，以形成演示文稿内容页。

1．使用“从数据出发”方法进行视觉化表达设计

在“十四五”规划纲要中有以下表述：“人民生活水平显著提高，教育公平和质量较大提升，高等教育进入普及化阶段，城镇新增就业超过 6000 万人，建成世界上规模最大的社会保障体系，基本医疗保险覆盖超过 13 亿人，基本养老保险覆盖近 10 亿人……”这段话用于总结在上一个五年建设中，我国在人民生活水平提高上取得的成绩。

我们可以对文字进行提炼，如图 3-17 所示。

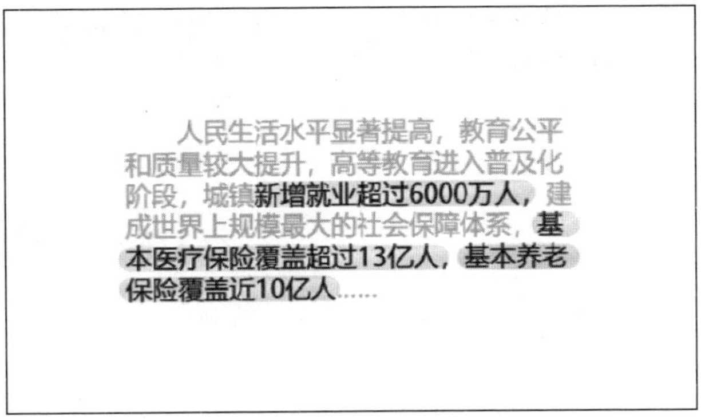

人民生活水平显著提高，教育公平和质量较大提升，高等教育进入普及化阶段，城镇新增就业超过6000万人，建成世界上规模最大的社会保障体系，基本医疗保险覆盖超过13亿人，基本养老保险覆盖近10亿人……

图 3-17　对文字进行提炼

然后对提炼出来的文字内容进行视觉化表现，“从数据出发”视觉化设计如图 3-18 所示。

十三五期间建成世界上规模最大的社会保障体系
城镇
新增就业:
6000万+
基本养老
保险覆盖:
10亿
基本医疗
保险覆盖:
13亿+

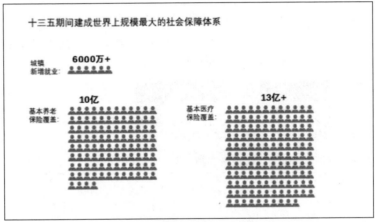

图 3-18　“从数据出发”视觉化设计

以图 3-18 的视觉化设计为例，制作的具体操作步骤如下。

（1）在标题框内单击，然后输入“十三五期间建成世界上规模最大的社会保障体系”。单击选中内容框，然后按“Delete”键删除，标题页如图 3-19 所示。

文件
开始
插入
设计
切换
动画
幻灯片放映
审阅
视图
加载项
PDF工具集
剪贴板
幻灯片
字体
段落
绘图
单击此处添加标题
• 单击此处添加文本

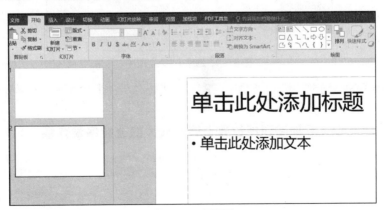

图 3-19　标题页

（2）选中标题文字，将字号设置为“32”，字体设置为“微软雅黑（标题）”，设置标题的字号与字体如图 3-20 所示。

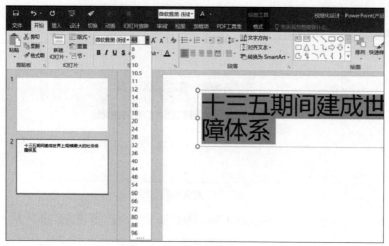

图3-20 设置标题的字号与字体

（3）单击"插入"选项卡"图像"组下的"图片"选项，选择"小人"图片（在本模块随书资源中），如图3-21所示，单击"插入"按钮完成图片插入操作。

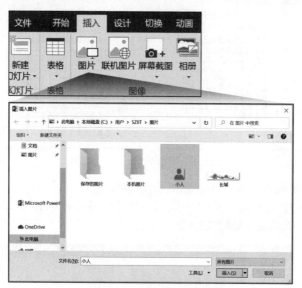

图3-21 选择"小人"图片

（4）保持小人图片处于选中状态，如图3-22所示，按5次组合键"Ctrl+D"以得到6个小人图片。

图3-22 保持小人图片处于选中状态

（5）将鼠标光标移动到最后一个小人上，按住鼠标左键水平向右拖动少许；按住鼠标左键不放，框选中所有小人后松开鼠标左键完成对象选定。在"格式"选项卡"排列"组中找到"对齐"按钮，单击"对齐"按钮，在下拉列表框中先单击"顶端对齐"，再单击"横向分布"；再次用鼠标框选中所有小人，按键盘组合键"Ctrl+G"，将所有小人组合在一起，排列"小人"操作如图 3-23 所示。

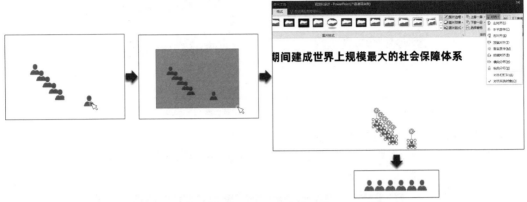

图 3-23　排列"小人"操作

在完成复制 6 个小人之后，插入两个文本框，分别写入文字"城镇新增就业："和"6000 万+"拖放至合适位置。图 3-18 所示页面的其他部分也可以使用相同操作方法叠加小人以完成数据视觉化设计。进行视觉化设计后的内容比文字内容更容易给观众量化后的结论，而且可以直观地表达数据间的比例关系。

2. 使用"从论点出发"方法进行视觉化表达设计

以"十四五"规划纲要中"十四五"时期经济社会发展主要目标为例，全段阐述了第十四个五年计划结束后我国将要达到的发展目标，如果将文字通篇粘贴至 PPT，会使得内容重点难以被快速理解。对此部分文字使用"从论点出发"方法提炼全段论点，如图 3-24 所示，然后进行视觉化设计，"十四五"时期经济社会发展主要目标完成页面如图 3-25 所示。

图 3-24　"从论点出发"提炼全段论点

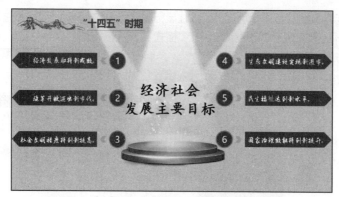

图 3-25　"十四五"时期经济社会发展主要目标完成页面

要实现如图 3-25 所示页面，操作步骤如下。

（1）在"插入"选项卡下单击"文本框"按钮，再单击页面中任意空白处就会插入文本框，如图 3-26 所示，分别在文本框中输入 6 个论点。

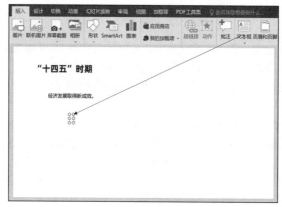

图 3-26　插入文本框

（2）在"插入"选项卡"插图"组中单击"形状"按钮，在下拉列表框中选择"椭圆"，在页面空白处按住键盘"Shift"键的同时按住鼠标左键拖曳，则可以画出一个正圆。保持画出的正圆在选中状态，修改"形状填充"为"深红"色，修改"形状轮廓"为"橙红"色。插入圆并修改颜色如图 3-27 所示。

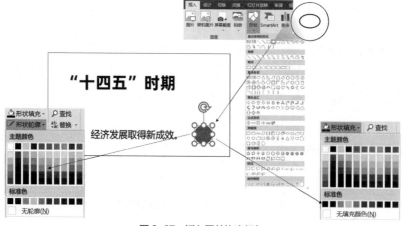

图 3-27　插入圆并修改颜色

（3）选中上一步的圆形，单击鼠标右键，在弹出的快捷菜单中选择"设置形状格式"，在"线条"区域，将"宽度"设为2磅。选中圆形，单击鼠标右键，在弹出的快捷菜单中选择"编辑文字"，在圆中输入数字"1"，并修改字体颜色为"白色"，字体为"微软雅黑（标题）"，修改圆形线条并编辑文字如图3-28所示。

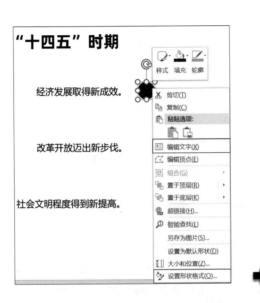

图3-28　修改圆形线条并编辑文字

（4）绘制论点底框。选择"插入"选项卡"插图"组中的"形状"内的"五边形箭头"，在页面空白处按住鼠标左键不放拖曳画出一个长条形五边形箭头。保持五边形箭头在选中状态下，设置形状填充为"深红色"，设置"形状轮廓"为"无颜色"，绘制论点底框如图3-29所示。

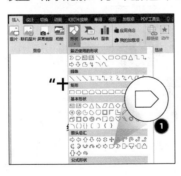
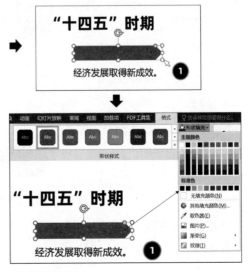

图3-29　绘制论点底框

（5）保持五边形箭头在选中状态下，在"格式"选项卡"排列"组中单击"旋转"按钮，在弹出的下拉列表框中选择"水平翻转"。保持五边形箭头在选中状态下，在"格式"选项卡"排列"组中单击"下移一层"的下拉按钮，在弹出的下拉列表框中选择"置于底层"并将五边形箭头移动到文字下方对齐，翻转并移动底框操作如图 3-30 中的图（a）、图（b）所示。修改前、后的效果如图 3-30 中的图（c）、图（d）所示。

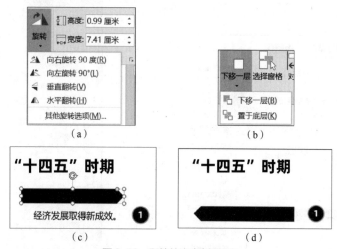

图 3-30　翻转并移动底框操作

（6）绘制燕尾形箭头。选择"插入"选项卡"插图"组中的"形状"内的"燕尾形箭头"，按住鼠标左键，在页面空白处绘制一个燕尾形箭头，设置"形状填充"为"黄色"，"形状轮廓"为"无颜色"。将鼠标光标移动到形状的白色圆形调整句柄处，出现⟷光标后按住左键调整箭头至合适大小，保持燕尾形箭头在选中状态下，按键盘组合键"Ctrl+D"复制一份。调整两个箭头至合适位置后，按键盘组合键"Ctrl+G"组合形状，最后使用之前学过的水平翻转操作得到最终效果。制作燕尾形箭头如图 3-31 所示。

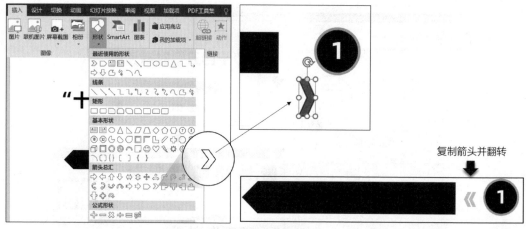

图 3-31　制作燕尾形箭头

重复以上操作就可以完成本内容页的视觉化设计。完成提炼后的页面简洁，共有六条核心论点。演讲者无须担心观众难以通过演示文稿了解文段全部内容，因为演示文稿在这里只是帮助观众了解核心论点，其余核心观点的论据由演讲者的演讲来丰富，视觉化设计改稿后结果如图 3-32 所示。

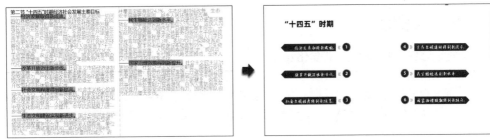

图 3-32　视觉化设计改稿后结果

目前与图 3-25 的效果还是有所不同，在继续学习任务 3.3（设置母版内容）后就会得到一样的效果了。

3. 使用"从总结出发"方法进行视觉化表达设计

我们以"十四五"规划纲要中第四章第二节"加强原创性引领性科技攻关"为例进行设计。本段内容主要讲述"十四五"期间国家安全和发展全局的基础核心领域目标。未提炼内容的页面如图 3-33 所示。经过提炼，页面的核心内容更加突出，使用"从总结出发"方法提炼后内容如图 3-34 所示。

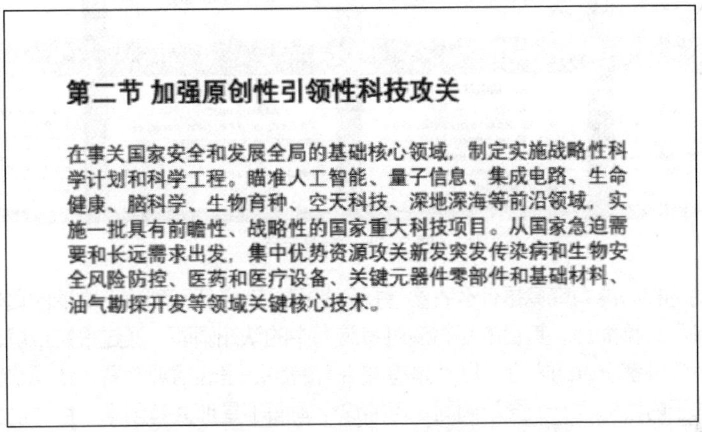

图 3-33　未提炼内容的页面

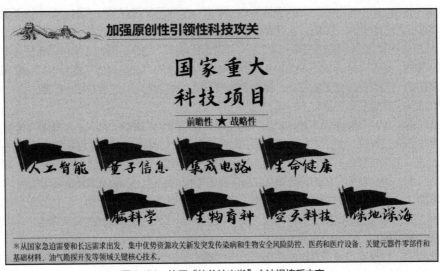

图 3-34　使用"从总结出发"方法提炼后内容

3.2.2　知识讲解

1. 制作演示文稿的核心能力：视觉化表达

制作演示文稿前，演讲者通常会撰写一份演讲文案。演讲文案会随演讲主题不同分为工作总结、新品介绍、课程教案及项目路演等。很多演示文稿制作设计的误区是将这些文案分页罗列，或者经过简单删减组织再剪贴至演示文稿页面。错误示范如图 3-35 所示，这个文件被称为一个分页的 Word 文档更恰当。

图 3-35　错误示范

制作演示文稿的核心能力究竟是什么？要想找到答案，就必须回到演示文稿的具体应用场景中思考这个问题。对于演示文稿而言，其目的是将演讲者脑海中的认知画面，通过投影或屏幕展示给观众，以便观众更好地理解演讲者所讲的内容。既然是将演讲者的想法呈现给观众看，让观众快速理解内容的内涵，那么就需要基于内容构建一个图示画面。可能这个画面不是那么有创意，色彩搭配也不专业，但是需要满足观众能够理解演讲的内容及思想的需求。因此，演示文稿的核心能力不是配色协调、版式美观及字体选用等美术功底，而是视觉化的表达能力。如果一个演示文稿能够使演讲者脑中的画面与观众脑中的画面同步从而引起观众的共鸣，这就是一个优秀的演示文稿作品。

演示文稿的视觉化表达是指在演示软件中，通过运用图表、图像、颜色、字体、布局等视觉元素，以更直观、易懂、吸引人的方式呈现信息和数据。视觉化表达的目的是通过视觉元素的组合和设计，增强演示文稿的吸引力，使信息更加生动、易于传达和记忆，提高观众的注意力和理解度。

视觉化表达的关键要素包括以下内容。

图表和图像：使用各种图表（如柱状图、折线图、饼图等）和图像（照片、插图等）来展示数据、趋势和关系。图表应清晰、简洁，并采用合适的颜色和标签，以帮助观众快速理解和记忆信息。

颜色：选择适当的颜色方案，以增强演示文稿的视觉吸引力并传达特定的情感或信息。颜色应与主题和内容相匹配，避免使用过多的鲜艳颜色或颜色过于相似的组合，以确保清晰度和可读性。

字体和文字：选择易读的字体类型和大小，确保文字清晰可见。使用粗体、斜体、下划线等样式突出重点信息，并合理运用对比度，提高可读性。文字应简洁明了，避免过多的文字内容，可以用简短的短语或关键词概括要点。

布局和空白：合理安排演示文稿的布局，运用适当的空白区域来提高内容的可读性和组织性。使用对齐、间距和分组等布局技巧，使信息层次清晰，易于观众理解和跟随。

通过使用以上表达视觉化的关键要素，可以有效提高演示文稿演示的效果，使信息更具有冲击力、易于理解和记忆，并增加与观众的互动与共鸣。

2. 提升视觉化表达能力的四个步骤

（1）阅读。

通篇详细阅读演讲文案。处理所有类型的文案都需进行详细的阅读以掌握演讲内容的内涵，并且掌握要表达的思想、特色或步骤。

（2）理解。

理解文案撰写者想要表达的核心内容，将文案中的论点与论据区分开来。

（3）想象。

想象可以替代文字，更好地表达核心内容的图形、图片或图表，力求用生动的表现形式来支持演讲者的演讲。

（4）呈现。

使用 PowerPoint 制作，将想象的视觉化表达效果在演示文稿页面中呈现出来。

3. 提炼演讲文稿信息

一部电影能否吸引观众看到结尾，取决于这部电影的剧情是否引人入胜；而一套演示文稿，能否吸引观众的注意力，取决于这套演示文稿的表达结构是否清晰。因此，将写在 Word 文档上的演讲稿的信息提炼为 PPT 的表达结构显得尤为关键。"十四五"规划纲要全文较长，如果仅粘贴文字可能形成一个几百页的巨型演示文稿，无法适用于宣讲。优秀的演示文稿需要内容精练，逻辑清晰并且图示明确。

优秀的演示文稿不取决于文字内容多，而取决于内容的提炼度高。"PowerPoint"的含义是重要的观点，而不是"Power Word"——重要的文字，这也是该软件名称的由来。编写演示文稿内容需要站在观众的角度，把可以帮助观众理解的重要信息挑出来，再用有效的技巧呈现给观众。反之，如果信息过多就会导致信息过载，从而混淆观众的认知。提炼演讲文稿信息的方法如下。

（1）从数据出发。

如果文段内容重点想要表达的是数据本身，那演示文稿制作者可以去除与数据无关的叙述性文字描述。"从数据出发"常见的表达形式如下。

事件具体描述+数据

有时文段中可能并不包含任何数据内容，这就需要对文段内容进行深入解读以提炼数据。如以下这段文字：

"……生态环境部发布 2021 年前三季度全国 74 个城市空气质量排名，空气质量相对较差的 10 个城市依次是：邢台、保定、济南、郑州、邯郸、石家庄、唐山、衡水、乌鲁木齐和西安。空气质量相对较好的 10 个城市依次是：海口、舟山、惠州、厦门、珠海、丽水、深圳、福州、拉萨和中山。雾霾是城市空气污染主要因素，受影响区域包括华北、江淮、江汉等地区，受影响人口约 6 亿人……"

在这个例子里能够提炼出来的核心数据内容有。

① 2021 年前三季度空气质量较好 10 个城市。

② 2021 年前三季度空气质量较差 10 个城市。

③ 雾霾影响 3 大地区。

④ 雾霾影响人口约 600000000 人。

在该提炼方法中，数据需要强调。我们使用完整的数字来表述 6 亿，可以突出数量的巨大程度。

（2）从论点出发。

该方法指在信息提炼的过程中只展示文稿中的论点而非论据。论据由演讲者在演讲的过程中通过口述的方法，用语言描述给观众。"从论点出发"的核心要义如下。

展示论点，而非论据

在日常编撰文稿的过程中，行文习惯通常是将论点和论据放在一起，其目的是让阅读者理解论点，并通过论据证明论点的成立，做到有理有据。但是，演示文稿制作需要结合演讲人的演讲内容。其主要目的是帮助演讲人列出重要观点，使得演讲人在说明论据的过程中，观众能够认同到演讲人的论点。

以上文中"提升视觉化表达能力的四个步骤"知识点内容为例。该段内容提出了四个论点即"阅读""理解""想象"和"呈现"。在写作时，论点和论据会相结合来行文。但在制作演示文稿时"从论点出发"提炼内容就只需给出论点，论据由演讲者演绎说明。演示文稿内容总结如下。

"提升视觉化表达能力的四个步骤：

1. 阅读　　2. 理解　　3. 想象　　4. 呈现"

（3）从总结出发。

在一些没有数据，论点也不是特别容易被发现的文段中，我们可以通过"从总结出发"来提炼内容。"从总结出发"的核心要义如下。

（人物）+事件+意义

这里的"人物"可以在其他场景下变成"动物"或"事物"。可以通过本节任务实现中的案例来进一步理解这种提炼方法。

项目 3.3　布局页面内容——布局四原则让骨骼硬起来

在上一项目中，我们学习了如何提炼出演示文稿页面的内容。在本项目将学习在演示文稿中使用排版原则对幻灯片内容进行排版，并学习使用母版功能将页面的排版布局格式化以方便重复使用。

视频 3-2

布局页面内容

3.3.1　任务：使用布局四原则为页面进行布局排版

良好的排版能够提升演示文稿的可读性和吸引力，使内容更加清晰和易于理解。通过选择合理的字体、颜色搭配和布局设计，可以增强视觉效果，吸引观众的注意力并有效传达信息。同时，良好的排版还能体现专业性，提升演讲者的形象和信任度。无论是商务演示、学术报告还是公开演讲，都需要重视排版，以确保信息有效地传达并给观众留下深刻的印象。

【任务描述】

本任务是提炼出页面要点进行页面布局设计，并使用演示文稿制作技法制作页面，还将应用 PPT 的母版功能统一布局版式。本任务要求完成以下操作。

（1）设置母版统一风格。

（2）通过"对比法"进行内容排版。

（3）通过"亲密法"进行内容排版。

（4）通过"重复法"进行内容排版。

【示例演练】

本任务涉及排版及母版版式。请扫描二维码，熟悉电子活页中关于母版使用和设置幻灯片背景内容，掌握设置幻灯片背景的操作和应用母版版式的操作。

电子活页 3-18

设置幻灯片背景

电子活页 3-19

应用母版版式

【任务实现】

1. 设置母版统一风格

为了实现统一布局设计，使设计风格保持一致，减少演示文稿制作过程中页面元素的重复工作。可以将演示文稿页面中重复的各项元素内容固化到母版中。后续页面制作过程中仅需选用相应版式即可实现页面字体、字体大小和布局等的风格统一。

（1）单击"视图"选项卡下"母版视图"组的"幻灯片母版"按钮进入母版视图，进入母版视图操作如图 3-36 所示。

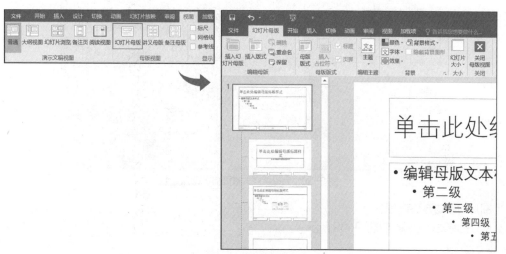

图 3-36　进入母版视图操作

（2）主母版版式是母版视图中左侧版式列表中第一个母版版式（如图 3-38 中所示被选中的版式，尺寸略大于其他版式缩略图）。在母版窗口处，单击鼠标右键，弹出快捷菜单，选择"设置背景格式"。然后，在右侧出现的"设置背景格式"窗口内的"填充"区域选择"图片或纹理填充"，单击"纹理"按钮，在下拉列表框中选中"再生纸"纹理作为页面背景。设置页面背景，如图 3-37 所示。

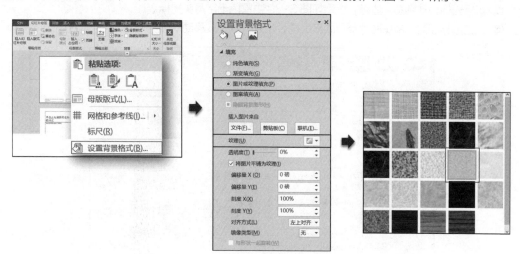

图 3-37　设置页面背景

（3）在母版页面上插入"长城.png"图片（图片在本项目随书资源中提供）。将图片移动到页面左上角。完成本操作后会发现所有版式页面上都出现了此图片，在母版中添加的图片元素会应用到本文件的所有幻灯片页面中，为母版插入每页都出现的图片如图 3-38 所示。

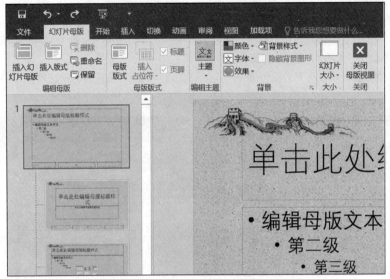

图 3-38　为母版插入每页都出现的图片

图片的移动方法有两种。

此处的移动图片操作如图 3-39 所示。

【方法 1】

① 选中图片。

② 选择"图片工具-格式"下"排列"组的"对齐"按钮，并选择"左对齐"。

③ 再次选择"对齐"按钮，选择"顶端对齐"。

【方法 2】

① 选中图片。

② 鼠标光标移动到图片边缘，出现如图 3-39 中黑色十字箭头光标。

③ 按住鼠标左键，拖曳图片至页面左上角，松开按键完成移动。

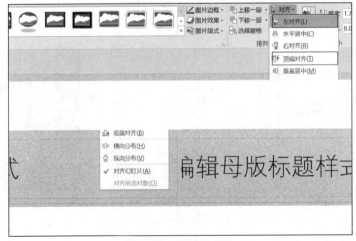

图 3-39　移动图片操作

（4）现在对"单击此处编辑母版标题样式"占位符进行编辑。首先选中该占位符。在"开始"选项卡下"字体"组，设置字体为"阿里巴巴普惠体"（字体文件在本项目随书资源中提供），设置字号为"32"，设置"下划线"，设置字体颜色，使用"取色器"选取长城图片上的红色。设置占位符如图 3-40 所示。

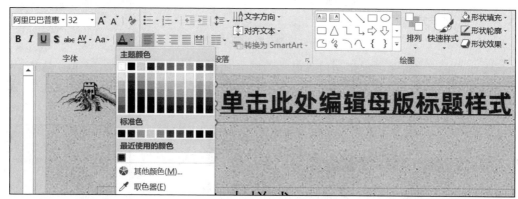

图 3-40　设置占位符

此时主母版的版式已经设置完成。单击视窗左上角保存 📄 按钮保存修改。单击"幻灯片母版"，选择"关闭母版视图"，退出母版编辑。

2. 通过"对比法"进行内容排版

以"十四五"规划纲要中第四章第二节"加强原创性引领性科技攻关"为例，对这一篇内容进行重点界定，用"对比"法界定文稿重点如图 3-41 所示。

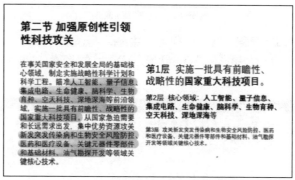

图 3-41　用"对比"法界定文稿重点

在图 3-41 中不难发现观众在阅读左侧的文段时，如果没有使用高亮线突出内容就很难快速找到着眼点，并定位文字所反映的重点。而右侧经过"对比"界定的内容就很容易发现内容分为 3 个层次，且重点层级一目了然。可以以此为页面进行视觉化设计，达到快速抓住观众视线的目的。

在上面的演示案例中我们知道了对比的重要性及具体操作手法。我们在演示文稿制作中也可以使用加粗字体、更改色彩、更改字体、添加线条和添加色块等方法来突出某些内容。我们分步骤来学习操作方法。

（1）使用键盘组合键"Ctrl+M"，新建一页幻灯片，首先插入文本框输入"国家重大科技项目"，将字体设置为"演示秋鸿楷"，字号设置为"54"号。插入第 2 个文本框输入"前瞻性、战略性"两个修饰词，将字体设置为"宋体"，字号设置为"24"，颜色设置为"深红色"，并在两个词之间留出空间，制作第 1 层内容步骤如图 3-42 所示。

图 3-42　制作第 1 层内容步骤

（2）在"插入"选项卡"插图"组中选择"形状"中的直线，用鼠标在文本框上绘制两条直线，保持两条直线在选中状态下单击鼠标右键弹出快捷菜单，选择"设置对象格式"选项，颜色设置为"深红色"、宽度设置为"1 磅"，插入修饰线条操作如图 3-43 所示。

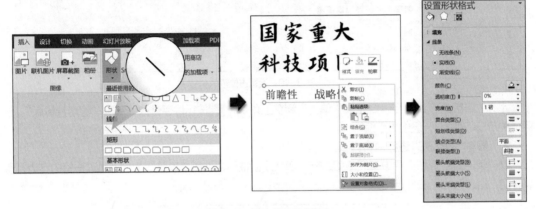

图 3-43　插入修饰线条操作

（3）在"插入"选项卡"插图"组中的"形状"中选择"五角星"形状，在两个修饰词之间的空白处按住"Shift"键绘制出正五角星形，并将形状填充设置为"深红色"、形状轮廓设置为"无颜色"，如图 3-44 所示。

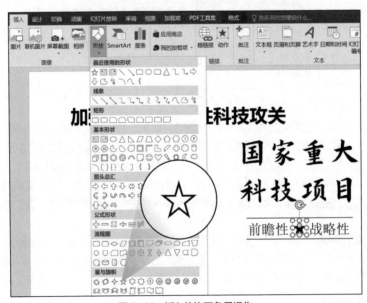

图 3-44　插入修饰五角星操作

（4）在"插入"选项卡"图像"组中选择"图片"，插入"红旗.png"（在本项目随书资源中提供）图片并插入文本框输入"人工智能"，字体设置为"演示新手书"，字号设置为"36"，颜色设置为"黑色"。调整位置后同时选中红旗和"人工智能"文本框按键盘组合键"Ctrl+G"将两个对象组合起来，制作第2层内容，如图 3-45 所示。

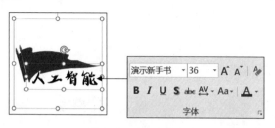

图 3-45　插入红旗图片

（5）选中组合好的红旗和文字，按键盘组合键"Ctrl+D"复制一份，在保持选中状态下用鼠标移动将其到合适位置，继续按"Ctrl+D"复制（软件会按照移动好的距离复制对象）。按照相同方法复制出 7 份，修改文字后在页面最底部添加直线和文本框制作第 3 层内容，制作页面内容如图 3-46 所示。

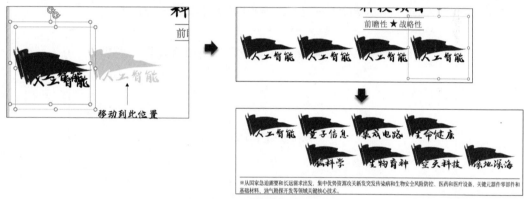

图 3-46　制作第 3 层内容

（6）选中幻灯片缩略图，单击鼠标右键弹出快捷菜单，选择"版式"选项，弹出级联菜单，在之前制作好的母版中选择"仅标题"后就完成了页面版式的应用，应用母版版式如图 3-47 所示。

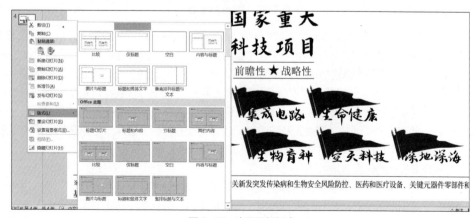

图 3-47　应用母版版式

使用"对比"法排版布局效果如图 3-48 所示，该页面使用了"对比"法进行排版布局。

图 3-48　使用"对比"法排版布局效果

3. 通过"亲密法"进行内容排版

我们来为"十四五"规划纲要设计一个封面。原始封面设计如图 3-49 所示。

国民经济和社会发展第十四个五年规划和二〇三五年远景目标纲要

启航"十四五"

演讲人：XXX　日期：2021年XX月XX日

图 3-49　原始封面设计

　　图 3-49 这个设计看起来很整洁，但是很容易让人感觉页面中三行内容是并列关系，而且无法看出三行内容直接的关联。页面整体显得有点空旷，主要原因是页面设计并没有做到两两元素之间的间距应小于边距。我们根据亲密原则来进行改造，如图 3-50 所示。文字"启航'十四五'"为主标题，适当放大至"96 号"字号，并将字体设置为"字魂 24 号-镇魂手书"。文字"国民经济和社会发展第十四个五年规划和二〇三五年远景目标纲要"为副标题，向下移动至主标题下方，设置字号为"20 号"，并在主副标题间绘制一条直线稍作区分。演讲人及演讲时间信息为独立内容，遵从亲密原则加上黑色矩形框加以区分，可以绘制一个长矩形，并将文字移动至矩形内。

　　以亲密原则来设计的封面效果如图 3-51 所示。

　　图 3-51 的设计中，把主标题和副标题的关系通过不同的字体和字号使用"对比"原则进行界定，并使用"亲密"原则把主标题和副标题进行靠拢，同时与演讲人信息产生一定的距离。为了保证页面的整体留白处于合适的范围，应用两两元素之间的间距应小于边距的原则完成最终布局。此例中还应用了"对齐"原则中单页内向同侧对齐的设计要点。

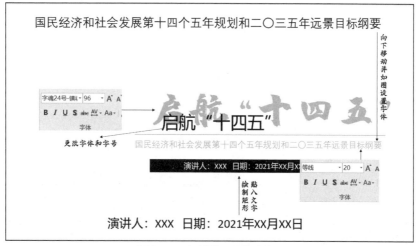

图 3-50　亲密排版原则修改步骤

图 3-51　以亲密原则来设计的封面效果

4. 通过"重复法"进行内容排版

封面与幻灯片内容页风格不统一的效果，如图 3-52 所示。为了统一风格，我们需要为这个封面使用"重复"排版规则来设计统一的风格。

（a）　　　　　　　　　　　　　　　　　　（b）

图 3-52　风格不统一的效果

（1）为封面设置与内容页相同的页面背景。鼠标右键单击幻灯片，选择"设置背景格式"，进入"设置背景格式"界面，选择"图片或纹理填充"，选择使用"再生纸"纹理。

（2）使用"重复"规则为主标题设置与页面相符的文字颜色，这里可以使用"取色器"来抽取页面的主要颜色来填充字体。

（3）为页面插入"长城红旗元素.png"图片元素使封面与内容页面统一协调。使用"重复"规则统一风格的效果如图 3-53 所示。

（a） 　　　　　　　　　　　　　　　（b）

图 3-53　使用"重复"规则统一风格的效果

3.3.2　知识讲解

1. 演示文稿页面布局四原则

在学习完 PowerPoint 2016 排版的各项操作方法之后，将进一步学习使用演示文稿进行页面布局的 4 个原则来优化页面的排版设计，以帮助制作者建立排版规范，规避一些常见错误。

演示文稿页面布局的 4 个原则如下。

对比：用于突显页面视觉重点。

对齐：页面元素排列更规整。

亲密：建立信息之间的关联。

重复：建立统一的视觉风格。

（1）对比。

"对比"演示图如图 3-54 所示，可以用来快速解释"对比"的含义。

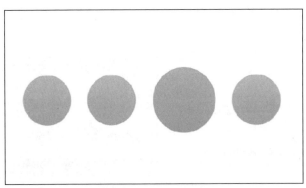

图 3-54　"对比"演示图

"对比"要求对内容有取舍，内容有层次，将最重要的内容以最明显的方式突出显示，之后的内容层次重要性逐渐降低，突出显示的程度也随之降低。文字内容也要做到取舍有度，放弃大量内容堆叠，突出核心并进行视觉化设计。

（2）对齐。

对齐的目的是使页面元素排列更规整，杂乱的布局让页面看起来混乱且不专业。杂乱的布局和对齐的布局如图 3-55 所示，而右边整齐的布局看起来更舒服。

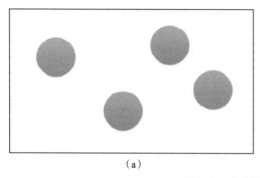
（a）

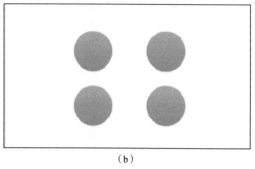
（b）

图 3-55　杂乱的布局和对齐的布局

在对齐的过程中应该学会善用"排列"功能。先复选要对齐的元素，再从"排列"按钮的下拉列表框中选择"对齐"，然后在级联菜单中选择对齐方式，对齐使用方法如图 3-56 所示，其中选的是"左对齐"。

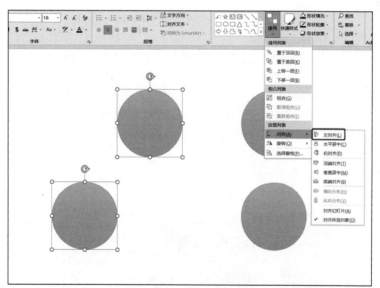

图 3-56　"对齐"使用方法

对齐方式包括左对齐、右对齐、顶端对齐、底端对齐等。无论制作者选择何种对齐方式，切记一页幻灯片中应该保持一种对齐方式。

（3）亲密。

这里的"亲密"是一个视觉概念。在视觉上，人会认为靠近的内容是具有相关性的，"亲密"演示图如图 3-57 所示。

在图 3-57（a）中，观众会认为 5 个红色矩形的内容是相关联的。而在图 3-57（b）的页面中，观众会觉得上面 3 个矩形内容有关联，下面 2 个矩形内容有关联，但上面的 3 个矩形和下面的 2 个矩形没什么关系。这是受排列的亲密性影响的视觉判断。所以在"亲密"这个方面，我们所要做的排版工作是避免出现图 3-57（c）的杂乱布局，而是做出类似图 3-57（d）的布局以展示内容关联性。

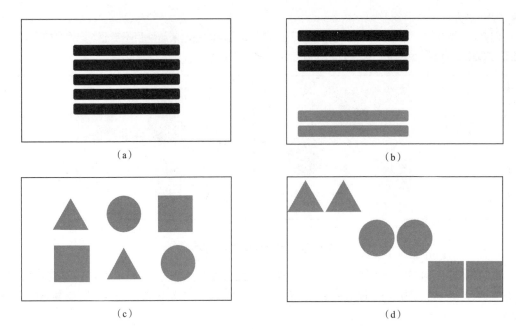

图 3-57 "亲密"演示图

"亲密"原则可以采用如下方法实现。

利用元素间距：在设计上我们可以通过利用元素间的间距来体现关联性。利用元素间距时需要重点关注两两元素之间的间距应小于边距。

借助色块/线框：在"亲密"原则中，还有一种区分亲密性的方法是应用色块或者线框来区分不同类别的内容。通过应用色块实现"亲密"原则如图 3-58 所示，图中的演讲信息就是用色块框出的内容，以达到强调与标题内容不同类的目的。该页面布局将相似的饼图用色块框起来以体现同类内容，而文字则在框外自成体系。

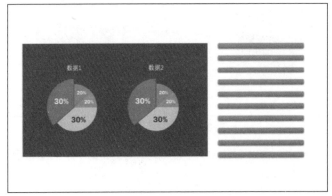

图 3-58 通过应用色块实现"亲密"原则

（4）重复。

重复是指保持字体、色彩、效果、样式统一，也就是在同一页下或多个页下使用相同的字体、色彩、效果和样式以建立统一视觉风格。"重复"规则效果如图 3-59 所示，每个数字使用圆形色块，每句文字使用尖角加矩形的色块，这就是一种"重复"。文字使用相同的字号、字体和色彩，这也是一种"重复"布局规则的形式。

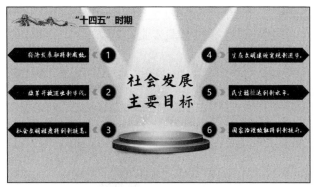

图 3-59 "重复"规则效果

2. 设置幻灯片大小

幻灯片大小常见的长宽比为标准（4：3）和宽屏（16：9）。如果在拥有宽屏显示器的计算机上放映标准（4：3）的幻灯片，屏幕两侧会出现两条黑边。

在调整页面显示比例的同时，幻灯片中所包含的图片和图形等对象也会随比例发生相应的变化。因此，通常在制作幻灯片之前就需要设置好幻灯片大小。

（1）自定义幻灯片大小。

单击"设计"选项卡"自定义"组的"幻灯片大小"按钮，其下拉菜单中包括"标准（4：3）""宽屏（16：9）"和"自定义幻灯片大小"选项。选择"自定义幻灯片大小"选项，如图 3-60 所示。

图 3-60 选择"自定义幻灯片大小"选项

打开"幻灯片大小"对话框，在该对话框中可以设置幻灯片大小、宽度、高度、幻灯片编号起始值、方向等，"幻灯片大小"对话框如图 3-61 所示。

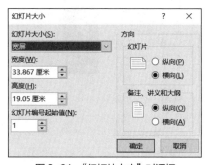

图 3-61 "幻灯片大小"对话框

（2）设置适合打印输出的尺寸。

如果需要打印输出幻灯片，可以像使用 Word 一样把幻灯片的页面调整成纸张的大小，例如设置成 A4 纸（210mm×297mm）的大小。与此同时还可以调整幻灯片的宽度、高度和方向。

把幻灯片设置成纸张的版式，并在 PowerPoint 2016 当中进行排版设计，可以充分利用 PowerPoint 2016 在图文编辑和布局上的便利条件，不需要借助专业的排版软件也可以轻松地设计出图文并茂的精彩页面。

除电脑屏幕显示、幕布投影以及打印输出外，使用幻灯片还可以设计制作横幅，可以在"幻灯片大小"对话框的"幻灯片大小"下拉列表框中选择"横幅"类型，如图 3-62 所示。

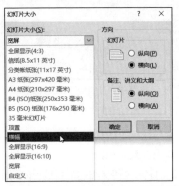

图 3-62　在"幻灯片大小"下拉列表框中选择"横幅"类型

3. 幻灯片更换与应用配色方案

（1）设置主题颜色。

优秀的配色方案不仅能带来愉悦的视觉感受，还能起到调节页面视觉平衡，突出重点内容等作用。PowerPoint 2016 中预置了数十种配色方案，以"主题颜色"的方式提供。

在"设计"选项卡"变体"组中单击"其他"按钮，可以在"颜色"级联菜单中选择不同的内置配色方案。内置的配色方案不能自行更改。

每一种主题颜色由 12 种颜色（文字/背景-深色 1、文字/背景-浅色 1、文字/背景-深色 2、文字/背景-浅色 2、着色 1、着色 2、着色 3、着色 4、着色 5、着色 6、超链接、已访问的超链接）配置组成，这 12 种颜色所构成的配色方案决定幻灯片中的文字、背景、图形和超链接等对象的默认颜色。通过新建主题颜色可以自定义主题颜色方案。在"设计"选项卡"变体"组中单击"其他"按钮，在弹出下拉列表框中指向"颜色"选项，在其级联菜单中选择最下方的"自定义颜色"选项，打开"新建主题颜色"对话框，如图 3-63 所示。

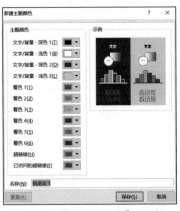

图 3-63　"新建主题颜色"对话框

在"新建主题颜色"对话框中单击主题颜色对应的按钮，弹出主题颜色下拉列表框，如图 3-64 所示，在该下拉列表框中选择合适的颜色即可。

在演示文档中使用主题颜色进行设置的文字、线条、形状、图表、SmartArt 等对象，都会因为主题颜色的更换而随之改变颜色。

如果在幻灯片中使用了主题颜色进行配色，当这个幻灯片被复制到其他演示文稿中时，就会自动被新演示文稿的主题颜色所替代。如果希望保留原来的颜色显示，可以在粘贴幻灯片时选择"保留源格式"按钮进行粘贴，如图 3-65 所示。如果幻灯片中使用的是自定义颜色，那么复制到别处以后仍能保留原来的颜色配置方案。

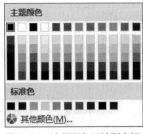

图 3-64　主题颜色下拉列表框　　　　　　图 3-65　选择"保留源格式"按钮进行粘贴

（2）屏幕取色。

PowerPoint 2016 提供了"取色器"，可以在整个屏幕中鼠标能够到达的位置上提取颜色，并直接填充到希望设置的形状、边框、底色等一切需要调整颜色的地方。屏幕取色步骤如下。

① 在幻灯片中先插入待设置颜色的形状。

② 选中幻灯片中需要调整颜色的形状。

③ 在"绘图工具-格式"选项卡"形状样式"组中单击"形状填充"按钮，在其下拉列表框中选择"取色器"选项，如图 3-66 所示。

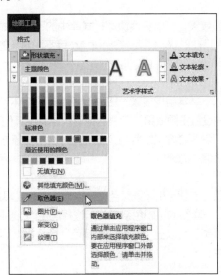

图 3-66　在"形状填充"下拉菜单中选择"取色器"选项

④ 将光标✎移至待取色的区域后单击，则已选择形状的填充颜色自动设置为所取颜色。

4. 幻灯片设置与应用主题样式

幻灯片中所使用到的图片、表格、图表、SmartArt 图形和形状等对象都可以通过快速样式库快速设定成不同的样式，幻灯片中形状的快速样式库如图 3-67 所示。这些样式应用在形状对象上的线条、填充、阴影效果、映像效果等方面，形成不同外观。

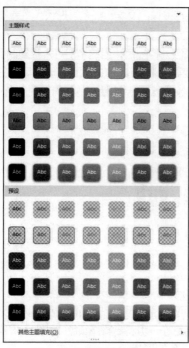

图 3-67　形状的快速样式库

　　选用同一个主题样式，可以在不同的形状、图表、SmartArt、图片等对象上形成风格一致的样式效果。如果选择的主题效果发生改变，这些幻灯片对象的外观样式也会随之发生相应的变化，但依然保持风格一致。

　　幻灯片通过更换不同的主题效果，可以变换快速样式库中的不同样式效果。每一个主题效果都分别对应了一组不同的样式效果，并且在形状、图表、SmartArt 等不同对象的快速样式库中具备一致的效果风格。

5. 幻灯片模板设计

　　一套幻灯片模板通常包括以下基本组成要素：主题颜色、主题字体、封面版式、封底版式、目录版式、正文版式。还可以有选择地设置主题效果、背景色或背景图案或其他装饰元素。

　　对于企业的幻灯片模板，还需要考虑主题色与企业的整体视觉形象方案相匹配，装饰元素可以考虑加入企业标志或其他与企业文化相关的素材。

　　（1）主题颜色。

　　设计幻灯片模板时首先选择文字颜色和背景颜色，可以使用取色工具来获取所需颜色。

　　设置好主题颜色后，自定义一套新的主题色系，将所选择颜色添加到主题色系中，方便后续使用。

　　另外，主题颜色中的所设置颜色可以显示在"主题颜色"色板中，因此可以将经常需要用到的颜色添加到自定义的主题颜色方案中。

　　（2）主题字体。

　　默认使用非衬线体的微软雅黑字体作为主要字体。可以在主题中新建主题字体，设置标题和正文的字体方案。

　　（3）封面版式。

　　封面设计主要考虑封面标题的位置和样式，可以使用图形或图片加以修饰，但要注意不能喧宾夺主，适当的留白有时候能使封面显得更加大气。

　　在幻灯片母版视图中可以选中"标题幻灯片"版式进行封面页面版式设计。

（4）目录版式。

目录从内容上来说主要用于放置幻灯片文档的标题。在幻灯片每部分的前后承接位置，一般情况下都需要重复出现目录，以便于观众注意到当前即将进入的逻辑单元，因此目录很多时候也称之为转场页，用于不同逻辑段落之间的衔接和过渡。

在幻灯片母版视图中新建一个版式，命名为"目录页面"，进行目录页面版式设计。

（5）正文版式。

正文页面主要关注文字段落样式和排版，页面布局上考虑更多留白，有时还要考虑幻灯片页眉、页脚的设置。

在幻灯片母版视图中可以选择"标题和内容"版式进行正文版式设计。

（6）封底版式。

可以对封面页面进行一些操作，变换后得到与之相呼应的封底页面。在幻灯片母版视图中新建一个版式，命名为"封底页面"，然后进行封底页面版式设计。

除了上述几项基本要素以外，还可以增加表格类、图表类的版式设计，并在模板中事先统一图形样式。

（7）保存模板。

模板设置完成后，可以单击"文件"选项卡，单击"另存为"选项，将模板保存为 PowerPoint 模板文件，以便于分享和应用。

6. 幻灯片和幻灯片页面元素复制

要在当前演示文稿中导入其他演示文稿中的幻灯片，通常可以直接采用"复制+粘贴"的方式实现。

（1）采用单个命令复制幻灯片。

在幻灯片浏览窗格中的幻灯片缩略图上单击鼠标右键，在弹出的快捷菜单中选择"复制幻灯片"选项，如图 3-68 所示，即可直接为当前选择的幻灯片复制一个备份，相当"复制+粘贴"两步操作。

（2）采用两个命令复制幻灯片。

首先在幻灯片浏览窗格中选中需要复制的幻灯片缩略图，在"开始"选项卡"剪贴板"组中单击"复制"按钮，将所选幻灯片复制到剪贴板中。这一操作也可以通过在需要复制幻灯片的缩略图上单击鼠标右键，在弹出的快捷菜单选择"复制"选项来完成。

然后切换到当前演示文档中，在幻灯片浏览窗格中需要插入幻灯片的位置单击鼠标右键，在弹出的快捷菜单中有 3 个粘贴选项，分别是"使用目标主题""保留源格式"和"图片"，粘贴幻灯片时的 3 个粘贴选项如图 3-69 所示，根据需要选择一个粘贴选项即可。

图 3-68　在弹出的快捷菜单中选择"复制幻灯片"选项

图 3-69　粘贴幻灯片时的 3 个粘贴选项

① 使用目标主题：将当前幻灯片中使用的主题和版式应用到导入的幻灯片中。如果导入的幻灯片中所使用颜色和字体来源于原主题字体，则会以当前主题中的相应设置进行替换，采用的版式中如果包含背景，也会被替换。

② 保留源格式：会将源幻灯片当中所使用的幻灯片母版和整套版式一同导入当前的演示文档中。粘贴后的幻灯片保留原有的背景、字体、颜色和其他外观样式。

③ 图片：在当前幻灯片上粘贴一张与源幻灯片外观完全一致图片，但无法更改和编辑内容。

（3）复制幻灯片页面元素。

如果需要从其他幻灯片中复制页面元素，则首先在源幻灯片中直接选中页面元素进行复制，然后切换到当前编辑的幻灯片页面，单击鼠标右键，弹出快捷菜单，选择"粘贴选项"的一种方式进行粘贴。在"粘贴选项"中包含了3种粘贴方式："使用目标主题""保留源格式"和"图片"，粘贴页面元素时的3个粘贴选项如图3-70所示，根据需要选择一种粘贴选项即可。

图3-70　粘贴页面元素时的3个粘贴选项

特别说明：如果复制的是纯文本，粘贴幻灯片或粘贴页面元素时会多一个"只保留文本"粘贴选项，只将文本内容粘贴到当前幻灯片中，不再保留复制文本原有主题和版式对应的格式设置。

7. 在演示文稿中使用母版

演示文稿可以通过设置母版来控制幻灯片的外观效果。幻灯片母版保存了幻灯片颜色、背景、字体、占位符大小和位置等项目，其外观直接影响到演示文稿中的每张幻灯片，并且以后新插入的幻灯片也会套用母版的风格。

PowerPoint 2016中的母版分为幻灯片母版、讲义母版和备注母版3种类型。幻灯片母版用于控制幻灯片的外观，讲义母版用于控制讲义的外观，备注母版用于控制备注的外观。由于它们的设置方法类似，这里只介绍幻灯片母版的使用方法。

单击"视图"选项卡"母版视图"组的"幻灯片母版"按钮可以进入母版视图，如图3-71所示。

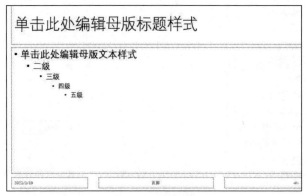

图3-71　母版视图

幻灯片母版包含 5 个占位符（由虚线框所包围），分别为标题区、对象区、日期区、页脚区和数字区，可以利用"开始"选项卡"字体"组和"段落"组的各个选项对标题、正文内容、日期、页脚和数字的格式进行设置，也可以改变这些占位符的大小和位置。在母版中进行的设置，会应用在所有幻灯片中。

幻灯片母版设置完成后，单击"幻灯片母版"选项卡"关闭"组的"关闭母版视图"按钮即可退出母版视图。

8. 在幻灯片中制作备注页

演示文稿一般都为大纲性、要点性的内容，可以针对每张幻灯片添加备注内容，也可以将幻灯片和备注内容一同打印出来。为幻灯片添加备注的步骤如下。

（1）选定需要添加备注内容的幻灯片。

（2）单击"视图"选项卡"演示文稿视图"组的"备注页"按钮，切换到备注页视图，在幻灯片的下方出现占位符，单击占位符，然后输入备注内容即可。

（3）单击"视图"选项卡中"普通视图"按钮或者直接单击状态栏的"普通视图"快捷方式回切换到普通视图状态。

> **提示** 在"普通视图"或"大纲视图"下，单击"视图"选项卡"显示"选项组的"备注"按钮，使其处于选中状态，或者直接单击状态栏的"备注"按钮 ≜ 备注 ，将在幻灯片窗格下方显示"备注"窗格，在"备注"窗格单击就可以进入编辑状态，可以在其中输入备注内容。

项目 3.4 演绎数据趋势——工作图表设计让内容丰富起来

图表在演示文稿的日常应用中使用频次很高。在很多商业应用场景中，演示文稿中的图表质量高低会直接影响到演讲效果的好坏。

3.4.1 任务：用工作图表演绎数据趋势

很多政府、企事业单位的领导对图表能否正确展示数据尤为重视，图表展示效果是对工作内容的一个直观量化呈现。一个优秀的演示文稿制作者应该具有良好的数据展示能力和演示文稿图表制作功底。

【任务描述】

在这个任务中我们要为"启航'十四五'"演示文稿制作工作图表。本任务要求完成以下操作。

（1）提炼内容。

（2）美化页面。

视频 3-3

演绎数据趋势

【任务实现】

1. 提炼内容

未经处理的页面如图 3-72 所示，本页面展示了我国在贫困地区建立宽带网络的一些数据。

这个页面的图表核心内容是表达我国从 2016 年到 2020 年间网络基础设施发展的变化趋势，因此在图表类型上应该选择"表现趋势关系"的折线图。

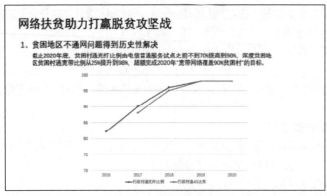

图 3-72　未经处理的页面

在工作型的 PPT 中，一页通常只有一个重点，而这个重点一般就是这一页的标题。图 3-72 中的页面重点就是"网络扶贫助力打赢脱贫攻坚战"，也就是本页的论点，本页中所有的论据都为支撑这一个论点服务。我们可以对这一页进行改造，可以看到本页图表中图表元素太少，需要增加一些。

设置图表元素的方法如下。

（1）选中该图表此时右侧出现快捷键。

（2）单击"+"键弹出"图表元素"选项框。

（3）勾选"坐标轴""数据标签""网格线"和"图例"。

提炼图表内容如图 3-73 所示。处理后的页面如图 3-74 所示。

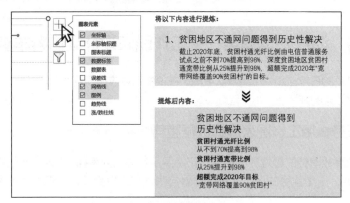

图 3-73　提炼图表内容

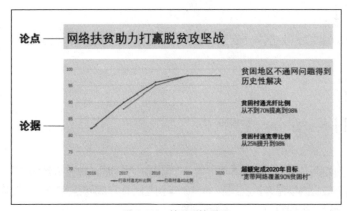

图 3-74　处理后的页面

图 3-74 这一页的图表论据和文字论据得到了区分，并且被放到了同一个层次以体现它们同等的重要性，论点和论据划分更清晰。

2. 美化页面

对图 3-74 页面进行形式重点的改造，如图 3-75 所示，步骤如下。

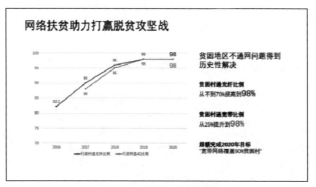

图 3-75　形式重点的改造

（1）美化图表数据标签。逐个选中该图表折线上的数据标签，沿图中箭头方向将数据标签移动到折线下方，美化图表数据标签如图 3-76 所示。

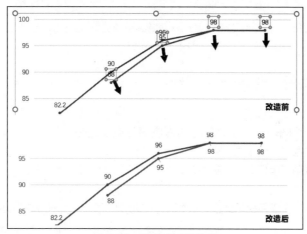

图 3-76　美化图表数据标签

（2）优化文字字号以凸显重要数据。优化文字字号如图 3-77 所示。

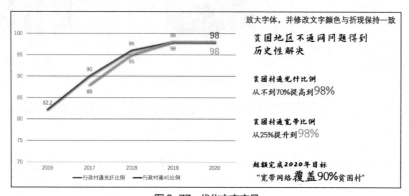

图 3-77　优化文字字号

美化页面的操作方法总结如下。

① 选中该图表，分别选中数据标签，将字号变大，颜色设置成与折线相同。

② 逐个选中右侧说明文字中的数据，将字号变大，颜色设置成与对应折线数据相同。

③ 美化文字，更改成与演示文稿相匹配的字体。

经过形式重点的突出，我们的论据更容易反映核心内容，观众也可以快速聚焦到这些数据重点。应用母版中的版式，可以完成页面，最终效果如图 3-78 所示。

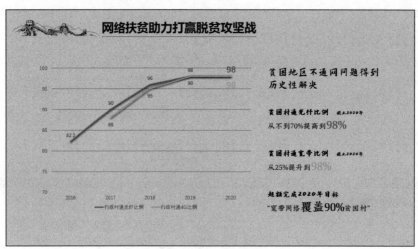

图 3-78　最终效果

3.4.2　知识讲解

1. 选择图表类型

在演示文稿中，一个图表通常可以给一页中的关键论点提供支撑论据，如果能够选择恰当的图表类型进行呈现，可以让数据更有说服力。

不同图表类型主要用于表现以下几类关系。

（1）表现趋势关系。

用于表现趋势关系的图表包括折线图、面积图、柱形图，表现趋势关系的图表如图 3-79 所示。

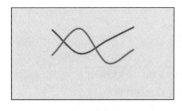
（a）折线图

（b）面积图

（c）柱形图

图 3-79　表现趋势关系的图表

其中常用的表现趋势的图表是折线图和面积图。柱形图常用于不同月度、季度或年度的数据对比，进而再进行趋势分析。

（2）表现分布关系。

用于表现分布关系的图表包括饼图、环形图、百分比堆积柱形图，表现分布关系的图表如图 3-80 所示。

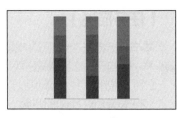

| （a）饼图 | （b）环形图 | （c）百分比堆积柱形图 |

图 3-80　表现分布关系的图表

以上图表是用来表现分布关系，或者也被称为表现面积关系，即某些数据在总体中的占比情况。

（3）表现比较关系。

用于表现比较关系的图表包括条形图、雷达图、柱形图，表现比较关系的图表如图 3-81 所示。

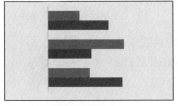

| （a）条形图 | （b）雷达图 | （c）柱形图 |

图 3-81　表现比较关系的图表

以上图表用来表现比较关系，也就是数据之间的对比。

制作者可以根据不同的应用场景选择相应的图表来呈现数据之间的关系。使用合适的图表能够帮助观众理解数据之间的关系。但是选择了合适的图表还不够，制作者还需要想办法进一步将图表的重点凸显出来。

2. 明确图表重点

制作图表时，为了突出一些重点数据，快速将观众的目光聚焦到重点数据上，需要在图表中明确重点。演示文稿中的图表重点包括两种，即内容重点和形式重点。

（1）内容重点。

突出内容重点需要记住一个原则：论据支撑论点。可以参考本节任务实现的第 1 个演示案例。

（2）形式重点。

我们在阅读时经常将重要文字标红或用荧光笔高亮涂示等，这些其实都是形式重点突显的一些手法。同样，在图表上突出形式重点的包括文字放大、颜色对比和线框/色块区分。具体可以参考本任务实现的第 2 个演示案例。

项目 3.5　玩转动态演示——制作动画及切换让剧情跑起来

演示文稿通常使用计算机和投影仪联机播放，设置幻灯片中文本和对象的动画效果以及幻灯片的切换效果，有助于增强趣味性、吸引观众的注意力，实现更好的演示效果。

3.5.1　任务：制作动画及页面切换

本任务要求像影视导演一样为这一页内容规划页面上各元素的出场顺序、出场时长和表现形式，并决定每一个场景（页面）切换的方式。

【任务描述】

本节任务将为"十四五"规划纲要主题演讲中的一页 PPT 制作动画及页面切换，让我们像一个大导演一样，让自己的作品带着剧情跑起来。本任务要求完成以下操作。

（1）绘制元素并添加动画。

（2）设置幻灯片页面切换。

【示例演练】

本任务涉及 PowerPoint 2016 的动画和页面切换设置，以及幻灯片的放映。在开始任务前，先来熟悉一下这些操作。

电子活页 3-20 · 视频 3-4

设置幻灯片中对象的动画效果 · 玩转动态演示

1. 设置幻灯片中对象的动画效果

在演示文稿中进行设置，使幻灯片中的文本、图像、自选图形和其他对象在播放幻灯片时具有动画效果。扫描二维码，熟悉电子活页中的内容。

电子活页 3-21

设置幻灯片切换效果

2. 设置幻灯片切换效果

幻灯片切换是指在幻灯片放映时，从上一张幻灯片切换到下一张幻灯片的方式。为幻灯片切换设置切换效果同样可以提高演示文稿的趣味性，吸引观众的注意力。扫描二维码，熟悉电子活页中的内容。

3. 幻灯片放映排练计时

幻灯片放映排练计时是指在正式演示之前，对演示文稿进行放映，同时记录幻灯片之间切换的时间间隔。用户可以进行多次排练，以获得适合的时间间隔。

4. 幻灯片放映操作

在 PowerPoint 2016 中，放映演示文稿的方法有如下几种。

方法 1：单击窗口状态栏中的"幻灯片放映"按钮 ▣。

方法 2：单击"幻灯片放映"选项卡"开始放映幻灯片"组的"从头开始"按钮或者"从当前幻灯片开始"按钮，"幻灯片放映"选项卡"开始放映幻灯片"组的按钮如图 3-82 所示。

图 3-82 "幻灯片放映"选项卡"开始放映幻灯片"组的按钮

方法 3：按"F5"键从第一张幻灯片开始放映。

方法 4：按"Shift+F5"组合键从当前幻灯片开始放映。

【任务实现】

1. 绘制元素并添加动画

对"十四五"规划纲要第五篇"加快数字化发展 建设数字中国"的内容进行总结提炼，底稿如图 3-83 所示。

为了让这个页面看起来更丰富、更有创意，制作者可以把自己想象成一名导演为这个场景进行动画设计。在此案例中，我们制作一片翻滚的红浪以体现"推动发展"，并将图 3-83 中的八个要点逐一在浪头上浮现出来，以体现"在未来发展过程中，要逐步完成八大建设目标"。下面将对这套动画的设计进行讲解。

全面推进"十四五"时期数字中国建设

1、加快信息基础设施优化升级　　5、加快数字社会建设步伐

2、充分释放数据要素活力　　　　6、提高数字政府建设水平

3、加快推动数字产业化　　　　　7、发展普惠便捷的数字民生服务

4、推进产业数字化转型　　　　　8、推动互利共赢的数字领域国际合作

图 3-83　底稿

（1）使用"曲线"工具绘制海浪形状。单击鼠标左键以标示曲线的弯曲部分。当曲线的终止点与起始点重合时，就会形成一个封闭的形状。用此方法绘制海浪形状，然后在形状上单击鼠标右键，在弹出的快捷菜单中选择"设置形状格式"选项设置相应的颜色及透明度。以同样的方式制作另外两个海浪。绘制海浪步骤如图 3-84 所示。

（a）

（b）

（c）

图 3-84　绘制海浪步骤

（2）将三个颜色的海浪重叠起来。鼠标同时选中三个海浪，单击"动画"选项卡"动画"组的按钮，在下拉列表框中选择"直线"动画，这样就为三个海浪同时添加了此动画效果，添加"直线"动画如图 3-85 所示。

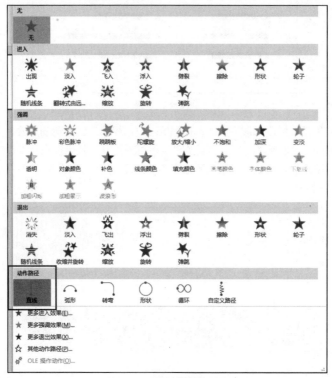

图 3-85　添加"直线"动画

（3）单击"动画"组中的"效果选项"按钮，在下拉列表框"方向"区域选择"上"。单击"高级动画"组下的"动画窗格"按钮，在"动画窗格"中同时选中三个动画时间轴，在"计时"组中"开始"下拉列表框中选择"与上一动画同时"选项，并将"持续时间"设置为 3 秒，设置动画参数如图 3-86 所示。

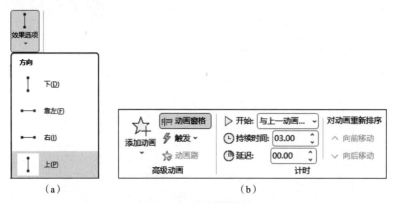

（a）　　　　　　　　　　（b）

图 3-86　设置动画参数

（4）插入"长城"图片，并在文本框中添加标题"全面推进'十四五'时期数字中国建设"。在页面空白处单击鼠标右键打开快捷菜单，选择"设置背景格式"选项，在设置背景格式窗口中"填充"区域选择"图片或纹理填充"选项，在"纹理"选项选择"再生纸"，设置背景格式如图 3-87 所示。

（a）　　　　　　　　　　　　（b）

图 3-87　设置背景格式

（5）创建 8 个文本框，并将底稿中的 8 个要点粘贴进去。为 8 个文本框绘制竖线。在竖线上单击右键，打开快捷菜单并选择"设置形状格式"，"线条"选项选择"渐变线"，"类型"选择"线形"，"渐变光圈"第一个颜色设置为 192.0.0，透明度 0%；"渐变光圈"第二个颜色设置为 224.128.128，透明度 20%；"渐变光圈"第三个颜色设置为 255.255.255，透明度 90%。制作内容要点如图 3-88 所示。

图 3-88　制作内容要点

（6）选中文本框和与之对应的直线，单击鼠标右键打开快捷菜单，单击"排列"组中的"组合"按钮，选择"组合"选项，完成 8 组文本框和直线的组合。选中 8 个组合图形，在"动画"下拉列表框中选择"浮入"。单击"动画窗格"，单击"开始"下拉列表框，选择"上一动画之后"选项，制作内容要点动画如图 3-89 所示。

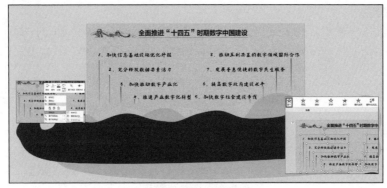

图 3-89　制作内容要点动画

2. 设置幻灯片页面切换

在完成页面动画设置后，可以为页面设置一个切换效果。设置页面切换的步骤如图 3-90 所示，设置页面切换方法如下。

（1）选中演示文稿的第一页幻灯片。

（2）单击"切换"选项卡，单击"切换到此幻灯片"组的弹出下拉列表框，选择其中的"随机线条"切换效果。

（3）在"计时"组勾选"单击鼠标时"。

（4）单击"计时"组的"全部应用"按钮将切换设置应用到全部演示文稿页。

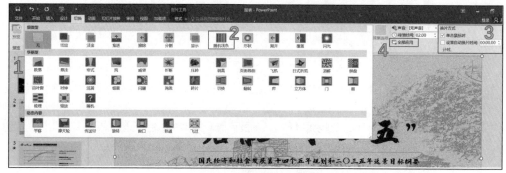

图 3-90　设置页面切换的步骤

3.5.2　知识讲解

演示文稿并不是专业的动画软件，但因为演示文稿具有动画种类多、易上手、易修改等优势，一直以来受到很多演示文稿爱好者的喜爱。如何更好更快地学好演示文稿动画，不仅需要参考很多优秀的案例，还需要熟悉演示文稿动画设计的方法。

1. 属性转换法

这是普遍且简单的一种动态切换思路。属性是每个元素所具有的性质，其中包含了位置、大小、个数、角度、透明度、颜色等。让这些属性直接发生变化，就可以实现一个动态效果。比如让物体从左往右，让物体由大变小，让物体从红色变成绿色等都是属性转换法。

而在演示文稿动画里面，位置的改变会使用到动作路径；大小的改变会使用到放大缩小；角度的变化会使用旋转、层叠；透明度和颜色的改变会用到强调动画里的填充颜色、字体颜色、线条颜色、画笔颜色、补色等。几乎所有的动画都离不开属性变化，任何有创意的动图里多多少少都是将物体的属性进行改变的。

2. 路径重组法

将元素的笔画进行重组，构成一个新的元素，这需要观察两个元素笔画之间的关系，具有一定的挑战性。路径重组演示如图 3-91 所示，"+"符号可以通过更改路径变成"="符号，也可以通过更改路径变成"×"符号。

图 3-91　路径重组演示

3. 点线面升降法

点线面升降法是一种很常见的方法。面和面进行转换的时候，可以用线作为介质，一个面先转换成一根线，再通过这根线转换成另一个面。

同理，线和线转换时，可以用点作为介质，一根线先转换成一个点，再通过这个点转换成另一根线。当然，三者之间也可以相互转换。点线面升降法演示如图 3-92 所示。

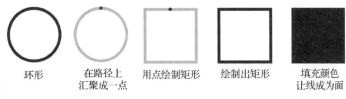

| 环形 | 在路径上汇聚成一点 | 用点绘制矩形 | 绘制出矩形 | 填充颜色让线成为面 |

图 3-92　点线面升降法演示

4. 三种流畅动画设置方法

制作演示文稿添加动画时，很多初学者制作的动画看起来特别生硬。其实，成熟作品和初学者的作品之间仅仅只差了一个小小的知识点：如何设置动画以达到流畅的播放效果。

在讲方法前，我们首先需要分析问题。初学者制作的动画问题在于所有的动画动作都是"匀速播放"的。我们不妨细心观察一下生活中的各类移动事物，就会发现自然界中事物的移动是"变速运动"。比如，汽车从静止到运行是先从速率 0m/s 逐渐加速运动的。如果在演示文稿中制作一个小车动画从页面的左侧移动到页面右侧匀速运动，动画看起来就特别生硬。反之，汽车动画由静止状态逐渐加速，看起来就生动很多。

请播放教材本模块资源包内"匀速变速演示.pptx"文件中的动画，可以感受到在匀速和加速情况下小车的运动速率是如图 3-93 所示的曲线变化。我们会觉得加速运动的小车动画看起来更自然顺畅。

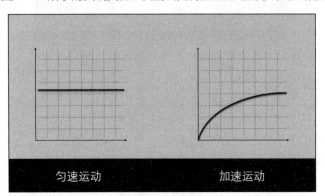

图 3-93　运动速率曲线

动画不流畅的问题已经找到，就可以对症下药，做出高级品质的演示文稿动画。具体的方法包括：调节平滑时间、组合动画替代无平滑设置动画和调整延迟时间。

（1）调节平滑时间。

这是很简单的一种方法。有些动画效果自带平滑调节，比如像"飞入"动画。我们就以"飞入动画"为例：为形状添加飞入动画后，在动画窗格选中单击鼠标右键，弹出快捷菜单，选中效果选项。在效果选项中的设置部分将平滑结束修改成 0.5 秒。飞入动画调节平滑步骤如图 3-94 所示。就可以得到一个在结束时逐渐减速的一个飞入动画，具体比较示例请参看教材本模块资源包内"飞入动画平滑设置演示.pptx"文件中的动画。

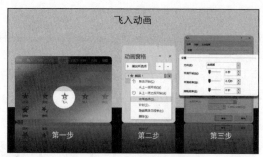

图 3-94　飞入动画调节平滑步骤

（2）组合动画替代无平滑设置动画。

上一种方法虽然简单，但大多数动画是不支持调整"平滑时间"的，我们还可以换一种思路，将两个动画组合在一起以实现动画平滑效果。比如"浮入"动画，该动画不支持"平滑时间"调整。要达到平滑的需求，我们可以用两个动画组合起来以替代"浮入"动画。

组合动画设置如图 3-95 所示，为形状添加一个"出现"动画，在"高级动画"组中单击"添加动画"按钮添加一个直线动画，并调整直线动画方向为向上。使用平滑设置修改平滑结束时间。通过这样的组合方式就可以替换"浮入"动画并使组合动画具有平滑设置效果。具体示例请参看教材本模块资源包内"组合动画演示.pptx"文件中的动画。

图 3-95　组合动画设置

（3）调整延迟时间。

上面的方法展示的是如何让单个元素的动画更流畅，如果想让多个元素的动画更流畅，则需要更改动画延迟时间。

以一组圆角矩形图作为案例。我们为该形状添加一个"飞入"动画。为了让动画看起来更流畅。我们可以为动画设置延迟，动画延迟设置如图 3-96 所示。

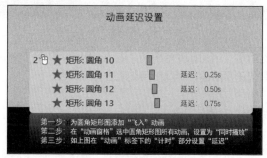

图 3-96　动画延迟设置

具体比较示例请参看教材本模块资源包内"调整延迟时间演示.pptx"文件中的动画。

3.6 小结

本模块对使用 Power Point 2016 软件制作演示文稿的操作方法、演示文稿内容提炼指导、演示文稿页面的布局原则、图表的制作和选择，以及演示文稿的动画制作和页面切换等内容进行了详细的讲解。一个好的演示文稿是本模块中所讲各知识点及方法的合理组合。一个内容优秀、总结到位、布局合理、图表使用得当的演示文稿，即使没有出色的美工和炫酷的动画也会让演讲与众不同，如果再辅以合理的配色及有情节的动画效果，演示文稿作品就会十分出色。

3.7 习题

一、单选题

1. PowerPoint 演示文稿的默认文件扩展名是（　　）。
   A. pptx　　　　　　B. dbf　　　　　　C. dotx　　　　　　D. ppz
2. 在 PowerPoint 2016 中，若想同时查看多张幻灯片，应选择（　　）视图。
   A. 备注页　　　　　B. 大纲　　　　　　C. 幻灯片　　　　　D. 幻灯片浏览
3. 下列（　　）视图是 PowerPoint 2016 所没有的。
   A. 大纲视图　　　　B. 备注页视图　　　C. 幻灯片放映视图　　D. 普通视图
4. 在大纲视图中，只是显示文稿的（　　）内容。
   A. 备注幻灯片　　　B. 图片　　　　　　C. 幻灯片　　　　　D. 文本
5. 在 PowerPoint 中，默认的新建文件名是（　　）。
   A. Sheet1　　　　　B. 演示文稿 1　　　C. Book1　　　　　D. 新文件 1
6. 在 PowerPoint 中，若想设置幻灯片中对象的动画效果，应选择（　　）视图。
   A. 普通　　　　　　B. 幻灯片浏览　　　C. 大纲　　　　　　D. 以上均可
7. 在 PowerPoint 的（　　）下，可用鼠标拖曳的方法改变幻灯片的顺序。
   A. 备注视图　　　　B. 大纲视图　　　　C. 阅读视图　　　　D. 幻灯片浏览视图
8. 在 PowerPoint 2016 编辑状态下，在（　　）视图中可以对幻灯片进行移动、复制、排序等操作。
   A. 普通　　　　　　B. 幻灯片浏览　　　C. 大纲　　　　　　D. 备注页
9. 在演示文稿中新增一张幻灯片的方法是（　　）。
   A. 选择"开始"选项卡"幻灯片"组中的"新幻灯片"命令
   B. 选择"插入"选项卡"幻灯片"组中的"新幻灯片"命令
   C. 选择"设计"选项卡"幻灯片"组中的"新幻灯片"命令
   D. 选择"视图"选项卡"幻灯片"组中的"新幻灯片"命令
10. PowerPoint 文档不可以保存为（　　）文件。
    A. 演示文稿　　　　B. 文稿模板　　　　C. Web 页　　　　　D. 纯文本
11. 当幻灯片中插入了声音后，幻灯片中将出现（　　）。
    A. 喇叭标记　　　　B. 链接按钮　　　　C. 文字说明　　　　D. 链接说明
12. 在"空白幻灯片"中不可以直接插入（　　）对象。
    A. 文本框　　　　　B. 图片　　　　　　C. 文本　　　　　　D. 艺术字
13. 在 PowerPoint 中，要同时选定多个图形，可以先按住（　　）键，再用鼠标单击要选定的图形对象。
    A. Shift　　　　　　B. Tab　　　　　　C. Alt　　　　　　D. Ctrl

14. 在 PowerPoint 2016 的大纲视图中，不能进行的操作是（   ）。
  A. 调整幻灯片的顺序
  B. 编辑幻灯片中的文字和标题
  C. 设置文字和段落格式
  D. 删除幻灯片中的图片

15. 要同时选择第 1、3、5 这三张幻灯片，应该在（   ）视图下操作。
  A. 幻灯片
  B. 大纲
  C. 幻灯片浏览
  D. 以上均可

16. 在幻灯片浏览视图中，以下叙述错误的是（   ）。
  A. 在按住"Shift"键的同时单击幻灯片，可选择多个相邻的幻灯片
  B. 在按住"Shift"键的同时单击幻灯片，可选择多个不相邻的幻灯片
  C. 可同时为选中的多个幻灯片设置幻灯片切换动画
  D. 可同时将选中的多个幻灯片隐藏起来

17. 在选择了某种版式的新建空白幻灯片上，可以看到一些带有提示信息的虚线框，这是为标题、文本、图表、剪贴画等内容预留的位置，称为（   ）。
  A. 版式
  B. 模板
  C. 方案
  D. 占位符

18. 要改变幻灯片的顺序，可以切换到"幻灯片浏览视图"，单击选定的（   ）将其拖曳到新的位置即可。
  A. 文件
  B. 幻灯片
  C. 图片
  D. 模板

19. 为所有幻灯片设置统一的、特有的外观风格，应使用（   ）。
  A. 母版
  B. 配色方案
  C. 自动版式
  D. 幻灯片切换

20. 下列有关幻灯片页面版式的描述，错误的是（   ）。
  A. 幻灯片应用模板一旦选定，就不可以更改
  B. 幻灯片的大小尺寸可以更改
  C. 一篇演示文稿中只允许使用一种母版格式
  D. 一篇演示文稿中不同幻灯片的配色方案可以不同

21. 演示文稿中的每张幻灯片都是基于某种（   ）创建的，它预定义了新建幻灯片的各种占位符的布局情况。
  A. 模板
  B. 模型
  C. 视图
  D. 版式

22. 为创建一些内容与格式相同或相近的幻灯片，可以使用 PowerPoint 2016 的（   ）功能。
  A. 模板
  B. 插入域
  C. 样式
  D. 插入对象

23. 所谓"母版"就是一种特殊的幻灯片，包含了幻灯片文本和页脚（如日期、时间和幻灯片编号）等占位符，这些占位符，控制了幻灯片的（   ）、阴影和项目符号样式等版式要素。
  A. 文本
  B. 图片
  C. 字体、字号、颜色
  D. 插入对象

24. 如果要终止幻灯片的放映，可直接按（   ）键。
  A. Ctrl+C
  B. Esc
  C. Alt+F4
  D. End

25. 在 PowerPoint 文档中插入的超链接，可以链接到（   ）。
  A. Internet 上的 Web 页
  B. 电子邮件地址
  C. 本地磁盘上的文件
  D. 以上均可

26. 在幻灯片"操作设置"对话框中设置的超链接，其对象不可以是（   ）。
  A. 下一张幻灯片
  B. 上一张幻灯片
  C. 其他演示文稿
  D. 幻灯片中的某一对象

27. 设置 PowerPoint 对象的超链接功能是指把对象链接到其他（   ）上。
  A. 图片
  B. 幻灯片、文件或程序
  C. 文字
  D. 以上均可

二、多选题

1. 在 PowerPoint 2016 中，以下哪些功能可以创建自定义动画效果？（　　）
   A．幻灯片切换　　　　B．艺术字　　　　　C．幻灯片排序器　　　D．动画窗格

2. 在 PowerPoint 2016 中，以下哪些操作可以应用于所有幻灯片？（　　）
   A．更改字体颜色　　　B．插入文本框　　　C．应用幻灯片布局
   D．添加动画效果　　　E．更改背景颜色

3. 在 PowerPoint 2016 中，以下哪些功能可用于设置幻灯片的过渡效果？（　　）
   A．幻灯片切换　　　　B．动画面板　　　　C．转场效果
   D．切换模式　　　　　E．形状工具

4. 在 PowerPoint 2016 中，以下哪些操作可用于演示文稿的幻灯片排序？（　　）
   A．拖动幻灯片缩略图
   B．使用幻灯片浏览器
   C．在"查看"选项卡中使用排序功能
   D．使用幻灯片放映视图中的"排序"按钮
   E．在"设计"选项卡中使用幻灯片排序工具

5. 在 PowerPoint 2016 中，以下哪些操作可用于创建自定义动画效果？（　　）
   A．使用"动画预设"选项　　　　　　B．调整动画速度和延迟
   C．应用过渡效果　　　　　　　　　D．使用"路径动画"工具
   E．添加音频效果

三、操作题

《中华人民共和国国民经济和社会发展第十四个五年规划和 2035 年远景目标纲要》有 19 个部分，请结合本单元学习的方法，选取这些重点内容中的一项制作一个演示文稿，并在同学中相互分享，在共同学习中互相帮助、共同提高。

模块四

信息检索——穿过茫茫信息海洋勇登彼岸

04

　　想象一下，马路上刚与你擦肩而过的陌生人，你大约通过六个人的介绍就能够认识他，这是不是一件很奇妙的事？这就是六度空间理论。人际关系就好比一张网，人与人之间都可以产生联系。同样，互联网上各个节点的信息之间其实也存在联系，人们可以根据其中的特征，使用信息检索技术，快速准确地找出想要获取的信息。

　　在当今信息爆炸的时代，作为一名高素质学生，还要具备用有效的方法和手段判断信息的可靠性、真实性、准确性的能力。从浩瀚无垠的"信息大海"中，要想充分汲取精华，淘到知识和信息的"金子"，那么学会灵活运用各种信息检索方法是非常有必要的。本模块将结合信息检索基础知识，介绍多种常用的信息检索方法，如通过搜索引擎、专用平台、网页、社交媒体等不同信息平台进行信息检索。"千淘万漉虽辛苦，吹尽狂沙始到金。"让我们遨游在"信息大海"中，运用手中的"探照灯"（信息检索方法），一起探索信息世界的奥秘吧！

项目 4.1　善用搜索引擎——成为一名掌舵手

　　如今，互联网已成为人们学习、工作和生活中不可缺少的信息平台，搜索引擎可以从互联网上采集信息并进行处理，将检索到的相关信息结果呈现给用户。伴随着互联网的发展，搜索引擎技术也历经了多次进化，日趋成熟。本项目将介绍常用搜索引擎的自定义检索、布尔逻辑检索、截词检索、位置检索、限制检索等方法，鼓励大家巧用搜索引擎的信息检索方法，勇当信息时代排头兵，合力探索信息世界奥秘。

电子活页 4-1　　　视频 4-1

搜索引擎的历史　　善用搜索引擎

4.1.1　任务：使用自定义检索

　　工欲善其事必先利其器。有时候，人们在使用搜索引擎进行信息筛选的时候，常常会看到不相关的内容出现在检索列表，此时，选择合适的搜索引擎和适当的自定义检索设置，可以得到更准确的搜索结果。现在，让我们来为"信息大海"的探索之旅规划一条合适的航线吧！

【任务描述】

　　本任务的主要内容是以百度搜索引擎为例，通过"搜索设置"对检索列表的显示进行设置，同时通过设置"高级搜索"的不同筛选条件，使搜索引擎对检索结果进一步检索。本任务要求完成

电子活页 4-2

自定义搜索引擎的设置

视频 4-2

使用自定义检索

以下操作。

（1）打开搜索引擎。

（2）进行检索设置。

（3）设置"高级搜索"。

（4）使用特殊的检索方法。

【示例演练】

在日常生活中，人们常用到的搜索引擎有百度、搜狗、Bing、360 等，这些搜索引擎能帮助人们在海量的信息中有效检索目标信息，但有时可能会出现一些干扰信息，比如推送广告、关键词不能完全匹配目标的其他信息等。此时我们可以通过自定义检索对搜索引擎的基本检索条件（例如搜索语言范围、搜索结果显示条数、是否实时预测等）和高级搜索条件（例如限制关键词、时间、文档格式、是否指定站内搜索等）进行设置，从而在茫茫"信息大海"中更高效地获取有效信息。

【任务实现】

1. 打开搜索引擎

打开搜索引擎，本书以百度为例，百度首页如图 4-1 所示。

图 4-1　百度首页

2. 进行检索设置

鼠标移动到右上角"设置"栏目，在下拉菜单中单击"搜索设置"选项。弹出的提示框显示设置项有"搜索框提示""搜索语言范围""搜索结果显示条数""实时预测功能"和"搜索历史记录"。可以根据设置项说明，结合实际使用需求来进行设置，"搜索设置"界面如图 4-2 所示。

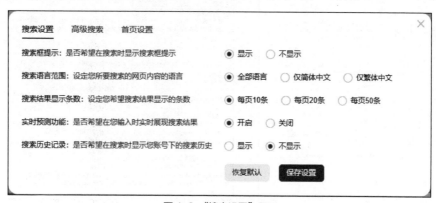

图 4-2　"搜索设置"界面

3. 设置"高级搜索"

单击"高级搜索"标签栏，如图4-3所示，可以进行如下设置。

图4-3 "高级搜索"标签栏

（1）设置"搜索结果"。根据需要设置"搜索结果"的限定条件，如包含全部关键词、包含完整关键词、包含任意关键词和不包括关键词。例如在"搜索结果"的"包含全部关键词"栏目中输入"百度 搜索设置"，再单击"高级搜索"，检索结果会同时包含"百度"和"搜索设置"两个关键词。

（2）设置"时间"。可以限定要检索的网页的时间，如时间不限或在某一时间段内。例如只想要近一年的检索结果，可以选择"时间"为"一年内"。

（3）设置"文档格式"。可以设置为所有网页和文件、PDF（.pdf）、Word(.doc)、Excel（.xls）、PowerPoint（.ppt）等，这样可以使检索更具目标性，且能更快更方便地找到需要的文件。例如选择"文档格式"为"PDF（.pdf）"，则只显示格式为PDF的检索结果。

（4）设置"关键词位置"。可以设置关键词的位置在网页任何地方、仅网页标题中和仅URL中。例如选择"关键词位置"为"仅网页标题中"，则关键词没有出现在标题中的网页不会显示。

（5）设置"站内搜索"。可以限定要检索指定的网站，例如在"站内搜索"栏目中输入学校官网网址，则仅在学校官网内检索内容。

单击"高级搜索"后可以在页面上方的搜索框中看到对应的检索运算符，"高级搜索"其实相当于检索运算符的可视化界面，使人们可以不去记忆众多的检索运算符，帮助人们更加精确地获取检索结果。

4. 使用特殊的检索方法

（1）精准匹配。这种检索方法需要给关键词加上双引号，如果不加双引号，检索的结果中关键词可能会被拆分。在百度搜索框中输入"'我爱祖国的大好河山'"，得到精准匹配的结果，如图4-4所示。若在百度搜索框中输入"我爱祖国的大好河山"，则只能得到非精准匹配的结果，如图4-5所示。

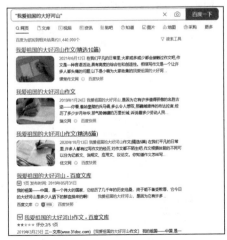

图4-4 精准匹配的结果

图4-5 非精准匹配的结果

（2）包含指定关键词的检索是通过一个加号"＋"来实现的，它的使用语法是将前一个关键词与后一个关键词用加号连接，且加号的左边有一个空格，例如在百度搜索框中输入"我爱花 ＋朵"，按"Enter"键发起检索，检索结果如图 4-6 所示。

图 4-6 "我爱花 ＋朵"检索结果

（3）检索指定格式的文件，支持的文件格式可以是.pdf、.txt、.doc 等，例如在百度搜索框中输入"花朵 filetype：pdf"，按"Enter"键发起检索，检索结果如图 4-7 所示。

图 4-7 "花朵 filetype：pdf"检索结果

（4）并行检索是通过符号"|"连接关键词的，使用语法是 A|B，检索结果显示是 A 或 B，例如在百度搜索框中输入"花|草"，按"Enter"键发起检索，检索结果如图 4-8 所示。

图 4-8 "花|草"检索结果

4.1.2　任务：使用布尔逻辑检索

搜索引擎支持多种信息检索方法，我们先来认识一种简单的检索方法——布尔逻辑检索。什么是布尔逻辑？在计算机的运算逻辑中，二进制的 1 代表真，0 代表假。对逻辑表达式进行"与""或""非""异或"等运算，结果不等于 0（为真）或为 0（为假），这称为布尔逻辑运算。同理，在检索技术中，运用布尔逻辑运算符对信息进行检索的过程称为布尔逻辑检索。严格意义上的布尔逻辑检索是指利用布尔逻辑运算符连接各个检索词，然后由计算机进行相应逻辑运算，找出所需信息的方法。其中布尔逻辑运算符的作用是把检索词连接起来，构成一个逻辑检索式。本任务将以两种常用的布尔逻辑运算符"与""或"为例展开讲解，匹配更加精确的关键字，运用缜密的逻辑思维助力目标信息岛的登陆！

【任务描述】

本任务的主要内容是运用布尔逻辑运算符对检索范围进一步限定，缩小搜索范围，从而在海量信息量中精准获取到目标信息，实现更精确的检索结果。本任务要求完成以下操作。

（1）通过布尔逻辑运算符"与"进行检索。

（2）通过布尔逻辑运算符"或"进行检索。

【示例演练】

本任务的主要内容是使用布尔逻辑运算符实现布尔逻辑检索，其中较容易理解的是"非"运算符。在开始任务前，请查看电子活页中的内容，尝试运用布尔逻辑运算符"非"进行检索，为使用更加复杂的布尔逻辑检索奠定基础。

【任务实现】

1. 通过布尔逻辑运算符"与"进行检索

在百度搜索框中输入关键字"美丽中国 AND 央视"，检索结果如图 4-9 所示，与所输入文字相匹配的内容将立即出现在该搜索框的下方。由于做了布尔逻辑检索"与"的限制，只有与"央视"相关的"美丽中国"素材才会被筛选出来。

图 4-9　"美丽中国 AND 央视"检索结果

2. 通过布尔逻辑运算符"或"进行检索

在百度搜索框中输入关键字"中国 OR 美丽",按"Enter"键发起检索,由于没有强限定"美丽中国",所以任意与"美丽"和"中国"相关的内容都被显示出来,检索结果如图4-10所示。

图4-10 "中国 OR 美丽"检索结果

4.1.3 任务:使用截词检索

截词检索是预防漏检,提高查全率的一种信息检索技术,大多数搜索引擎都提供了截词检索的功能。截词,顾名思义,就是将人们的索引词用一定的符号(也称"截词符")进行分割,达到截断的效果。这样既可以节省输入的字符数目,又可以达到较高的查全率。但是,在使用截词检索表达式时,截断部分要适当,不要截得太短,以免增加检索干扰项,查出很多无关的信息。

截词检索的思路是,用截断的词的部分内容进行检索,凡满足部分内容的所有字符(串)的内容,都为目标内容。它是扩大检索范围的手段,也是防止漏检的有效工具,具有方便用户、增强检索效果的特点,帮助人们在茫茫信息中用更宽广的视野寻找目标。请扫描二维码,查看电子活页的内容,掌握截词检索的概念与分类。

电子活页4-5  截词检索的概念

视频4-4 使用截词检索

电子活页4-6 截词检索的分类

【任务描述】

本任务的主要内容是使用截词符进行检索。不同的系统中所用的截词符不同,常用的有"?""$""*"等。本任务将以百度搜索引擎中常用的截词符为例,讲解常用搜索引擎中的截词检索技巧,要求完成以下操作。

(1)应用"*"截词符。

(2)应用空格截词符。

电子活页4-7 英文文献的截词检索

【示例演练】

本任务涉及运用截词符进行检索。由于英文单词有很明显的词根、词缀特征,截词符在英文文献的检索当中非常常用。例如我们可以用"comput*"表示"computer""computers""computing"等单词。在任务开始前,请扫描二维码,查看电子活页的内容,学习使用截词符进行英文文献检索。

【任务实现】

1. 运用"*"截词符检索

在百度搜索框中输入截词表达式"欢迎*学生*入学",按"Enter"键发起检索,由于运用了"*"截

词符，所有包含"欢迎""学生""入学"3 个关键字的内容都会被显示出来，检索结果如图 4-11 所示。

图 4-11 "欢迎*学生*入学"检索结果

2. 运用空格截词符检索

在百度搜索框中输入截词表达式"欢迎 你们 到来"，按"Enter"键发起检索，由于运用了空格截词符，所有包含"欢迎""你们""到来"这 3 个关键字的内容都会被显示出来，检索结果如图 4-12 所示。

图 4-12 "欢迎 你们 到来"检索结果

4.1.4 任务：使用位置检索

搜索引擎本身就是一种基于位置索引进行检索的工具。什么是索引？举个例子，大家都用过新华字典，当人们想要通过偏旁部首来查字词的时候，偏旁部首就是索引；当人们想要通过拼音来查字词的时候，拼音首字母就是索引。也就是说，索引是帮助人们更好地定位到索引词的精确位置的记号。那么，有什么工具可以帮助人们快速建立起索引，并且顺藤摸瓜定位目标信息的位置呢？在检索时，通过一些特定算符来表达检索词之间位置关系的过程即位置检索。请扫描二维码，查看电子活页，进一步了解位置检索。位置检索常用的算符有 NEAR、WITH 等。在这些算符后面加上数字，表示间隔几个词的位置。一般情况下，词之间没有先后顺序。本小节将重点学习 NEAR 算符。

电子活页 4-8　　视频 4-5
位置检索　　使用位置检索

【任务描述】

本任务的主要内容是使用常用的位置算符完成位置检索，要求完成以下操作。
（1）使用 NEAR 位置算符实现位置检索。
（2）在指定网页区域检索。

【示例演练】

本任务的主要内容是实现位置检索。有时候我们会遇到找到了检索结果，但检索出来的页面无法打开的情况，这时我们可以使用网页快照功能查看页面。在开始任务前，请扫描二维码，查看电子活页中的内容，掌握查看网页快照的方法以及网页快照的作用。

电子活页 4-9
查看网页快照

【任务实现】

1. 运用 NEAR 位置算符实现位置检索

NEAR，一般也可以用"~"表示。它用于寻找在一定区域范围内同时出现的检索单词的文档，但这些单词可能并不相邻，间隔越小的排列位置越靠前。其语法为"词一 NEAR/N 词二"，词一和词二这 2 个参数的间距可以通过"/N"来控制，N 是大于 1 的整数，表示检索单词的间距最大不超过 N 个单词。举个例子，"人工智能 NEAR/10 推荐算法"表示检索全文某个句子中同时出现"人工智能"和"推荐算法"且两个词间隔不超过 10 个单词。NEAR 的具体用法可能会因搜索引擎的更新而有所不同。

电子活页 4-10
网页快照的作用

在百度搜索框中输入截词表达式"前端开发 ~5 语言"，按"Enter"键发起检索，由于运用了位置算符，所有包含"前端开发"和"语言"且间隔不超过 5 个字符的结果都会被显示出来，"前端开发 ~ 5 语言"检索结果如图 4-13 所示。

图 4-13　"前端开发 ~5 语言"检索结果

2．在指定网页区域检索

在指定网页区域检索语法格式为在关键词后先添加空格，再增加后缀"site:url"，其中 url 为需要检索的网页域，按"Enter"键发起检索后，搜索引擎就会在这个网站内检索出人们想要的内容。例如，希望检索百度经验里包含养生的内容，可以输入检索内容："养生 site:jingyan.baidu.com"，按"Enter"键发起检索，指定网页检索结果如图 4-14 所示。

图 4-14　指定网页检索结果

4.1.5　任务：使用限制检索

限制检索是指限定检索词在数据库记录中的一个或几个字段范围内进行查找的一种检索方法。本小节将联系在 4.1.1 任务介绍的"高级搜索"讲解如何通过对关键字段范围的限定来缩小导航范围，从而寻找到目标。

电子活页 4-11　限制检索

视频 4-6　使用限制检索

【任务描述】

本任务的主要内容是验证搜索引擎的限制检索功能，即通过限定检索字段范围。请扫描二维码，查看电子活页，掌握限制检索的知识。使用百度搜索引擎的"高级搜索"功能，来查找某段时间范围内某个网站标题包含某些关键词的相关信息。本任务要求完成以下操作。

（1）获取一天内的目标信息检索。运用限制检索查找一天内在百度网站中出现的标题包含"美丽风景"的目标信息。

（2）获取指定日期范围内的目标信息检索。运用限制检索查找自 2012 年 8 月 25 日起，在新浪网站中出现的标题包含"风景"的目标信息。

【示例演练】

电子活页 4-12

本任务的主要内容是限制检索，包括限制时间、限制网站等。我们可以利用搜索引擎限制要检索的网站。除此之外，部分网站内部也集成了检索功能，可以帮助我们在该网站内检索信息。在任务开始前，请扫描二维码，查看电子活页中的内容，掌握站内检索相关信息的方法。在人民网中查找包含"美丽风景"的相关信息。

站内检索相关信息

【任务实现】

1. 获取一天内的目标信息检索

（1）打开"高级搜索"标签栏，在文本框中输入相关限定字段的内容。在本任务中，需要在"包含全部关键词"文本框中输入"美丽风景"，在"时间"下拉列表中选择"时间不限"，在"关键词位置"选择"仅网页标题中"单选项，在"站内搜索"文本框中输入"baidu.com"，百度"高级搜索"中的设置如图 4-15 所示。

图 4-15　百度"高级搜索"中的设置

（2）单击"高级搜索"按钮后，页面将显示出检索结果，"美丽风景"的检索结果如图 4-16 所示。

图 4-16　"美丽风景"的检索结果

（3）可以看到，百度搜索引擎自动生成了检索表达式"title: (美丽风景) site:baidu.com"，并在百度网站中查找到所有时间内标题中包含了"美丽风景"关键词的结果。此外，还可以对搜索框下边的 3 个下拉列表进一步设置，在"时间不限"下拉列表中选择"一天内"单选项，如图 4-17 所示，"美丽风景"限制时间的检索结果如图 4-18 所示。

图 4-17　选择"一天内"单选项

图 4-18　"美丽风景"限制时间的检索结果

2. 获取指定日期范围内的目标信息检索

（1）打开"高级搜索"标签栏，在文本框中输入相关限定字段的内容。在任务中，需要在"包含全部关键词"文本框中填入"风景"，在"时间"下拉列表选择"时间不限"，在"关键词位置"处选择"仅网页标题中"单选项，在"站内搜索"文本框中输入"sina.com"，"高级搜索"设置如图 4-19 所示。

图 4-19　"高级搜索"设置

（2）单击"高级搜索"按钮后，页面将显示出检索结果，"风景"的检索结果如图 4-20 所示。

图 4-20　"风景"的检索结果

（3）百度搜索引擎自动生成了检索表达式"title: (风景) site:sina.com"，并在新浪相关网站（包括官网、博客等）中查找了所有时间范围内标题中包含了"风景"关键词的结果。此外，还可以对搜索框下边的3个下拉列表进一步设置，在"时间不限"下拉列表中自定义选择2012-08-25至2023-08-25，"高级搜索"的日期自定义设置如图4-21所示，"风景"限制时间的检索结果如图4-22所示。

图4-21　"高级搜索"的日期
自定义设置

图4-22　"风景"限制时间的检索结果

4.1.6　知识讲解

1. 信息

视频 4-7

知识讲解

"信息"一词在英文、法文、德文、西班牙文中都拼写为"information"，我国古代使用"消息"表示信息。日常生活中，人们接触到的手机短信、微信消息、邮件其实都可以算是信息。从学术的角度解释，信息在通信和信息系统中是采集、传输、存储和处理的对象，可大量复制，不会损耗，可脱离所反映的对象而被保存、传播。人通过获得、识别自然界和社会的不同信息来区别不同事物，从而认识和改造世界。

2. 信息检索

信息检索有广义和狭义的之分。广义的信息检索全称为"信息存储与检索"，是指将信息按一定的方式组织和存储起来，并根据用户的需要找出有关信息的过程。狭义的信息检索通常被称为"信息查找"或"信息搜索"，是指从信息集合中找出用户所需要的有关信息的过程。狭义的信息检索包括3个方面的含义：了解用户的信息需求、信息检索的技术或方法和满足信息用户的需求。

3. 判断信息的准确性

如何判断信息的准确性？首先，我们要有独立思考和分析信息的能力，并且要鉴别和审视信息的来源、内容，采取理性的思考方式评估其准确性。其次，我们应该努力寻找信息的源头，查找第一手资料，减少信息在传递过程中带来的失真，寻找信息源头的方法包括直接查阅原始研究报告、采访专家或相关权威人士、寻找官方发布的数据和声明等。如果无法直接确定信息的来源或权威性，一定要多方验证，避免被误导。多方验证的方法包括查找其他独立的、可靠的信息来源，比较不同来源之间的观点和数据或寻找共识或重复出现的信息等。

4. 搜索引擎的隐私设置

以使用百度进行隐私设置为例，鼠标移动到官网右上角"设置"栏目，在下拉菜单中单击"隐私设置"，搜索引擎的隐私设置如图4-23所示，可以进行以下操作。

图 4-23　搜索引擎的隐私设置

（1）设置"记录搜索行为日志"开启或关闭。如果关闭，搜索引擎将不再记录人们的搜索行为，这样虽然可以提高网络安全性，但不利于用户重复检索，会降低检索效率。

（2）设置"展现搜索历史词"开启或关闭。开启后，下拉列表框便会记录并显示历史搜索词。

（3）设置"查看/清理搜索历史词"。

（4）设置"手机号搜索展现保护"开启或关闭。开启后，检索绑定的手机号时，结果中将不再展示用户的个人信息。

（5）设置"身份证号搜索展现保护"开启或关闭。开启后，检索绑定的身份证号时，结果中将不再展示用户的个人信息。

注意，互联网上的信息良莠不齐，如果浏览了盗版资源网站、钓鱼网站等不良网站，删除浏览记录只是让其他使用此设备的人不会看到之前浏览过什么网站，但是这并不代表"安全"。删除的只是浏览记录，还会有其他记录存在。比如我们经常检索一个关键词或者一句话，输入法就会记住输入习惯、常用词，下次再键入类似的内容的时候，就会提示之前的输入词作为备选，同理，输入法也会暴露浏览记录。而且很多浏览器的搜索框、地址栏也会记住访问的常用地址，在输入网址的时候会跳出备选网址。这些输入法、浏览器的智能记录功能也可以通过删除用户数据、恢复默认设置等方式关闭。此外，一些不良网站还常常含有病毒，会入侵浏览者的手机或者计算机，盗取个人信息，甚至还会偷偷安装软件。

5. 搜索引擎排名优化

在搜索引擎里输入一个关键词，通常会得到很多检索结果，这些检索结果的显示排名有先后之分，这就是搜索引擎排名。对于品牌来说，提高在搜索引擎中的自然排名，就能吸引更多的用户访问，提高商品的销售能力，提升商品的品牌效应。搜索引擎排名优化的方法主要有结构优化、站内导航优化、标题标签优化、关键词优化、链接优化、内容优化和 URL 优化 7 种。那具体应该怎么实现搜索引擎排名优化呢？首先，设计的网页需要排版简单，以达到直观的目的；其次，合理地把需优化的关键词放到页面里；最后，创建易记的域名，域名具有品牌效应，汉语拼音类的域名和数字域名更容易被记住。

6. Cookie

大家可能认识"Cookie"这个单词，"Cookie"有时也以复数形式"Cookies"出现，它的英文释义是小饼干。在计算机领域，它表示的是"由万维网服务器建立、存储在用户存储设备中的记录"，可以理解为"小型文本文件"。

那么，Cookie 的作用是什么呢？举个例子，当我们登录邮箱或登录一个页面，会收到提示设置"30天内记住我"或者"自动登录"选项。那么到底是用什么记录登录信息的呢，答案就是 Cookie。某 Web 站点可能会为每一个访问它的用户产生一个唯一的 ID，并以 Cookie 文件的形式保存在每个用户的计算机上。总而言之，Cookie 是由用户客户端计算机暂时或永久保存的信息，建立 Cookie 的目的是辨别用户身份。

项目 4.2　巧用资源专用平台——玩转掌中的罗盘

漫漫求学之路，我们在书籍的海洋畅游，探索知识的奥秘。如今，我们更需要掌握信息检索技能，才能在"信息大海"中游得更远。

4.2.1　任务：使用字段检索

在我们的学习过程中，快速准确地获取所需的文献非常重要。中国知网作为一个重要的学术资源平台，提供了丰富的文献数据库。字段检索是一种常用的方法，在中国知网数据库中通过对字段的检索，可以控制检索结果的相关性，提高检索效率。请扫描二维码，查看电子活页内容，掌握中国知网的检索技巧。接下来，让我们深入了解字段检索的使用方法。

视频 4-8
巧用资源专用平台

电子活页 4-13
中国知网的检索技巧

视频 4-9
使用字段检索

【任务描述】

本任务的主要内容是在中国知网中根据主题、标题、作者、摘要等字段，精准地找到想要的文献资料，本任务要求完成以下操作。

（1）在知网根据"作者"字段查询该作者已公开发表的文章。
（2）进入作者的简介页面。

【示例演练】

本任务涉及使用中国知网检索文献，其中常被参考的文献类别是学术期刊和学位论文，在开始任务前，请扫描二维码，查看电子活页中的内容，掌握使用中国知网查找学术期刊和学位论文的操作。

电子活页 4-14
使用知网检索论文

【任务实现】

1. 在知网根据"作者"字段检索该作者已公开发表的文章

当检索到某个作者的"系统工程"的文章后，如果对其发表的其他文章感兴趣，可以检索"作者"字段，将该作者已公开发表的文章检索出来。

鼠标移动到知网主页搜索框左侧"作者"关键字上，会出现检索类别的下拉列表框，包括主题、关键词、作者、摘要等，单击"作者"选项，如图 4-24 所示，在检索框输入要检索的作者名字，按"Enter"键发起检索，即可查询该作者已公开发表的文章，检索作者的结果如图 4-25（a）所示。

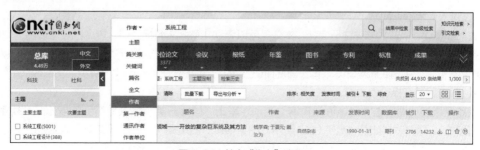

图 4-24　单击"作者"选项

2. 进入作者的简介页面

检索出的结果会显示"题名""作者""来源"和"发表时间"等关键信息，在"作者"一栏中显示该文章所有作者姓名，单击第一作者"钱学森"后，会自动进入该作者的简介页面，如图4-25（b）所示。

（a） （b）

图4-25　通过检索结果进入作者简介页面

4.2.2　任务：组合使用字段检索与限制检索

本任务将学习如何使用字段检索方法在专业网站中检索商标，并通过限制检索，优化检索结果。在商标注册过程中，对特定行业的商标进行准确检索是至关重要的，学会精准地检索商标信息能够帮助创业者避免侵权问题，确保商标的专用权。

【任务描述】

本任务的主要内容是学习使用专业网站检索商标，要求完成以下操作。
（1）进入商标查询网站。
（2）限定服装商标检索类别。
（3）利用字段检索检索服装商标。

电子活页 4-15

专利检索

视频 4-10

组合使用字段检索与
限制检索

【示例演练】

本任务我们继续学习资源专用平台的使用，涉及使用专业网站检索商标，在开始任务前，请扫描二维码，查看电子活页中的内容，掌握专利检索的操作。

【任务实现】

1. 进入商标查询网站

如果要创业，一般需要先注册商标，本任务就以查询儿童服装商标为例，查询已被注册的近似商标。

在百度检索"商标局官网"，选择带有"官方"字样的检索项，如图4-26（a）所示，单击后进入国家知识产权局商标局中国商标网首页，单击"商标网上查询"选项，如图4-26（b）所示，进入商标查询页面。

2. 限定服装商标检索类别

在商标查询页面单击"商标近似查询"选项，单击"国际分类"输入框右侧的按钮，利用字段检索，直接检索"服装"，如图4-27（a）所示。结果显示，服装属于"25 第二十五类 服装，鞋，帽"。如图4-27（b）所示，单击显示的结果后，商标检索的范围将限定在该类别下。

（a）　　　　　　　　　　　　　　（b）

图4-26　国家商标局官方网站

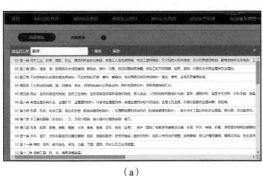

（a）　　　　　　　　　　　　　　（b）

图4-27　查找服装所在的商标类别

3. 利用字段检索检索服装商标

在搜索框输入汉字"头号"，单击"搜索"按钮，此时会跳出验证码，按提示输入后，已被申请过的包含"头号"字样的商标如图4-28（a）所示。再在搜索框输入"小精灵"，结果如图4-28（b）所示，如果没有检索到结果，表示该命名商标没被注册过，可申请注册"小精灵"商标。

（a）　　　　　　　　　　　　　　（b）

图4-28　对"头号"和"小精灵"进行字段检索结果

4.2.3　知识讲解

1. 检索插件

在使用某种功能前，经常出现提示需安装某种插件。插件是一种遵循一定规范的应用程序接口编写出来的程序，一般运行在程序规定的系统平台下，不能脱离指定的平台单独运行。很多软件都有插件，例如，在 IE 浏览器中，安装相关的插件后，浏览器就能够直接处理特定类型的文件。搜索引擎也有插件，插件库网站也提供了很多定制化检索插件，如弹窗插件

视频 4-11

知识讲解

可以实现键入关键字后同时打开各大搜索引擎（百度、谷歌、搜狗等），并可以选择切换检索方式。请尝试在插件库网站选择下载安装一个喜欢的检索插件。

要说明的是，善意的检索插件会使软件的功能更加完善或强大。但目前，很多的检索插件被制作成了广告或流氓软件，不仅影响系统运行速度，还会弹出广告网页，破坏系统文件或窃取用户资料等，因此在安装插件前要小心验证插件的安全性。

2. 使用 VPN 进入专用检索平台

有些专用检索网站不能通过未授权的外网进入，例如，在家里并不能访问学校图书馆网站。此时需要通过学校虚拟专用网（Virtual Private Network，VPN）进入。VPN 属于远程访问技术，可以利用公用网络架设专用网络。

项目 4.3 活用公共信息平台——抬起手中的望远镜

视频 4-12

活用公共信息平台

在数字化时代，公共信息平台成为我们日常生活中不可或缺的工具。从车票购买到商品选购，从在计算机上检索文件到手机上查找资源，这些平台为我们提供了丰富多样的服务。公共信息平台能够更加高效地满足个人需求，提升生活和工作的便利性。本项目将探讨如何在相关平台上进行车票购买、商品选购、计算机的文件检索以及手机上的资源查找（以微信为主）。让我们一起深入了解如何运用公共信息平台来满足我们的各种需求。

4.3.1 任务：使用车票信息检索

使用车票信息检索，开启便捷的出行之旅。在现代快节奏的生活中，火车成为了人们出行的重要选择。通过火车票信息检索，我们可以方便地查找适合我们行程的车次、座位和票价等信息，轻松规划旅程。本任务将介绍如何使用中国铁路 12306 火车票检索系统以及查询火车票信息的方法。

【任务描述】

本任务的主要内容是使用 12306 查询火车票信息，要求完成以下操作。

（1）查找中国铁路 12306 官网。

（2）查询火车车次的基本信息。

电子活页 4-16

使用学习强国检索资料

视频 4-13

使用车票信息检索

【示例演练】

本项目开始我们将学习使用公共信息平台进行检索，在开始任务前，请扫描二维码，查看电子活页中的内容，掌握使用学习强国检索资料的方法。

【任务实现】

1. 查找中国铁路 12306 官网

在 Windows 10 的"开始"菜单单击鼠标右键，单击"搜索"选项，在"搜索"界面输入关键字"火车"，会显示"火车票""火车票查询""火车票订购网站 12306"等候选检索项，如图 4-29（a）所示，单击"火车票查询"选项，出现百度检索界面如图 4-29（b）所示，再单击"中国铁路 12306"检索项进入官网。

2. 查询火车车次的基本信息

（1）"中国铁路 12306"首页可以显示需要选定车票的基本信息，包括车票的出发地、到达地及出发日期，"中国铁路 12306"首页如图 4-30 所示，其中出发地、到达地等位置信息对应位置检索的检索词，单程、往返、接续换乘表示特定的检索条件。

（a）	（b）

图 4-29　查找中国铁路 12306 官网

图 4-30　"中国铁路 12306"首页

（2）在"出发地"文本框输入并选择长沙，在"到达地"文本框输入并选择深圳，在"出发日期"中选择"2023-08-29"，单击"查询"按钮。车票检索结果如图 4-31 所示，2023 年 8 月 29 日从长沙到深圳的车次出现在该搜索框的下方。

图 4-31　车票检索结果

4.3.2 任务：优化信息平台检索结果

面对琳琅满目的检索结果，我们如何准确找到符合需求的内容成为了一项挑战。使用公共信息平台中的限制检索方法优化检索结果，筛选出符合需求的结果是解决这一问题的有效方法。通过设置合理的限制和筛选条件，我们能够缩小检索范围，优化检索结果，快速锁定目标信息，提高检索效率，节省宝贵的时间与精力。

电子活页 4-17　　视频 4-14
天眼查　　优化信息平台检索结果

【任务描述】

本任务的主要内容是在京东、天眼查等公共信息平台上检索信息，并使用限制检索方法实现检索结果的优化，本任务要求完成以下操作。

（1）使用"限制检索"查询商品。

（2）使用"天眼查"查询公司信息。

电子活页 4-18

【示例演练】

本任务涉及使用京东和天眼查检索信息，当我们需要对多个商品或公司的信息进行对比时，可以在新标签页打开多个检索结果，从而方便对比。在开始任务前，请扫描二维码，查看电子活页中的内容，了解天眼查的相关信息，掌握打开新标签页的快捷方法。

打开新标签页

【任务实现】

1. 使用"限制检索"查询商品

（1）进入京东网站。由于网购越来越普及，人们越来越频繁地通过购物网站购买心仪的商品。下面以购买笔记本计算机为例，演示在京东购物网站查找联想笔记本的过程。

在 Windows 10 的"开始"菜单单击鼠标右键，单击"搜索"选项，在"搜索"界面输入关键字"京东"，如图 4-32 所示，与"京东"相匹配的候选检索项出现在该搜索框。在匹配结果中选择"计算机、办公"可以进入"京东"相关子类商品网站。

图 4-32　输入关键字"京东"

（2）进入购物网站后，一般会有商品搜索框，同时还有类别选择的参数。以联想笔记本商品为例，检索选项包括处理器、内存容量、屏幕尺寸等，联想笔记本商品检索结果如图 4-33 所示。

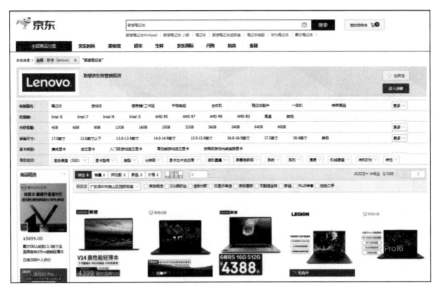

图4-33　联想笔记本商品检索结果

（3）通过限制检索命令，设置商品的价格范围，限制检索结果如图4-34所示。

图4-34　限制检索结果

（4）此外，如果需要特定的性能参数，可以选择相应的参数，如内存容量选择16GB。

（5）相关商品通过限制检索筛选出后，我们可以根据喜好及价格范围，挑选出心仪商品，在页面单击商品图标即可进入购买界面。

2. 使用"天眼查"查询公司信息

（1）天眼查官网可以检索到个人与企业的相关信息，如公司名称、老板姓名、品牌名称等。以"华为"为例，在搜索框输入"华为"后，会弹出限制词帮助人们进一步筛选，如图4-35（a）所示，单击"天眼一下"按钮，显示"华为"的检索结果如图4-35（b）所示。

（a） （b）

图 4-35 "华为"的检索结果

（2）如果公司在全国各省份地区都有分公司或子公司，此时可以限制检索省份地区以查询感兴趣的分公司信息，限制省份地区的检索结果如图 4-36 所示。

图 4-36 限制省份地区的检索结果

4.3.3 任务：使用桌面检索

日常的计算机使用中，我们经常需要快速找到特定的文件。使用专业的桌面检索工具，例如"everything"，能够大幅提高我们在磁盘中检索与特定主题相关的文件的效率。接下来，我们将探索如何充分利用"everything"软件，在计算机磁盘中检索想要的文件，并快速找到所需文件所在的目录。请扫描二维码，查看电子活页内容，掌握桌面检索的知识。

【任务描述】

本任务的主要内容是使用桌面检索工具"everything"软件，要求完成以下操作。

（1）在"everything"软件搜索框中检索指定文件。

（2）打开该文件路径。

电子活页 4-19 　　视频 4-15

桌面检索 　　使用桌面检索

【示例演练】

当某个文件放在某个多级子文件夹下时,如果没有养成对资料进行分类命名存放的习惯,往往一时很难找到文件路径,而在磁盘内直接全局检索文件,检索速度可能缓慢,此时可以通过桌面检索软件进行快速检索。本任务将使用"everything"软件检索指定文件,在开始任务前,请扫描二维码,查看电子活页中的内容,掌握安装"everything"软件的方法。

电子活页 4-20

"everything"软件
安装

【任务实现】

1. 在"everything"软件搜索框中检索指定文件

打开"everything"软件检索窗口,检索各磁盘内包含特定关键词的文件或文件夹,这里的关键词为"人工智能"。可以看到包含关键词的文件及文件夹快速地被检索出来。

2. 打开文件路径

鼠标右键单击最后一个文件,如图 4-37(a)所示,在弹出的快捷菜单中单击"打开路径",结果如图 4-37(b)所示。此外,在检索结果框内单击文件可以直接打开相应文件,单击文件夹可以直接打开对应文件夹。如果无任何显示,表示无对应关键词命名的文件。

（a）

（b）

图 4-37　打开文件路径

4.3.4　任务:使用社交媒体检索

社交媒体已成为日常生活不可或缺的一部分。在众多社交媒体平台中,微信是人们最常使用的平台之一,它为用户提供了即时通信、小程序和公众号等多样化的功能。在本次任务中,我们将以"国家博物馆"为关键词进行检索,通过国家博物馆小程序,

电子活页 4-21

视频 4-16

使用社交媒体检索

使用社交媒体检索

我们可以欣赏展览、收听讲解、收藏展品,并与其他用户互动。请扫描二维码,查看电子活页的内容,掌握社交媒体检索的知识。

【任务描述】

本任务的主要内容是在微信中对关键词进行检索,要求完成以下操作。
（1）在微信中检索关键词"国家博物馆"并查看共同使用"国家博物馆"的好友人数。
（2）在小程序分类中使用国家博物馆小程序。

【示例演练】

本任务涉及在国家博物馆小程序中检索并观看展览,在任务开始之前,请扫描二维码,查看电子活

页中的内容，掌握打开国家博物馆小程序的方法，并使用该小程序制作贺卡。

电子活页 4-22

打开国家博物馆
小程序

【任务实现】

1. 在微信中检索关键词"国家博物馆"并查看共同关注"国家博物馆"的好友人数

打开微信，在上方的搜索框中输入关键词"国家博物馆"，单击"搜索"按钮，此时检索结果页面会显示"国家博物馆"的公众号和小程序，同时也可以查看到"国家博物馆"公众号和小程序有多少朋友也关注或使用过，查看共同关注"国家博物馆"的好友人数结果如图 4-38 所示。

图 4-38　查看共同关注"国家博物馆"的好友人数结果

2. 在小程序分类中使用国家博物馆小程序

（1）使用国家博物馆小程序，观看感兴趣的展览，如图 4-39（a）所示。

（2）使用国家博物馆小程序收听讲解，如图 4-39（b）所示，收藏展品并留言，然后将展览分享到朋友圈。

（3）为方便使用，可以在国家博物馆小程序右上角三个点"服务管理"中选择将小程序添加到桌面，如图 4-39（c）所示，之后就可以直接在手机桌面打开小程序了。

（a）　　　　　　　　　　（b）　　　　　　　　　　（c）

图 4-39　使用"国家博物馆"小程序

4.3.5　知识讲解

1.　页面查找组合键：Ctrl + F

在 Office 系列软件中，我们可以通过组合键"Ctrl + F"快速查找目标文本内容；在网页中，此组合键同样适用，只不过它的功能变成了查找页面中的内容。具体操作方法是：在需要检索的页面按下键盘的"Ctrl + F"组合键，弹出搜索框，在搜索框中键入关键词，相关结果会被高亮显示，我们就可以快速地定位到需要的地方。

视频 4-17

知识讲解及模块小结

2.　微信指数

微信指数是微信基于用户对微信搜索、公众号文章以及朋友圈公开转发文章形成的综合分析，使用大数据技术帮助用户了解微信生态内关键词的热度变化。使用方法：在微信中打开"微信指数"小程序，输入感兴趣的关键字查看热度。

在使用微信指数的过程中，主要关注：1. 关键词的受欢迎程度；2. 关键词在相关内容中的重要程度。那么如何申请收录关键词呢？关键词收录，一般倾向于收录有实体含义或大家正在关心的热词。我们可以在微信指数小程序内检索需要收录的关键词，通过"申请收录"入口免费提交收录申请。

很多用户做推广的时候会先查看微信指数，看看哪个关键词的微信指数更高，是否是热点，然后再做决定。在这个选择过程中，各个用户的行为数据形成了影响力，进而带来了新的行为数据。所以常常发布公众号、视频号等内容，能够提升关键词在微信生态中的曝光度。此外，加强内容与关键词的关联性并提升内容本身的质量，对目标关键词的微信指数提升也会有所帮助。比如"博物馆"的微信指数超过 2 千万，那么公众号介绍里可以写：专注博物馆展览，分享必去的博物馆，在博物馆里寻找美与艺术。这样写的好处是，用户检索"展览""必去""美与艺术"都会搜到该公众号。至于公众号的权重排行，取决于内容。

4.4　小结

本模块以项目实践的形式讲解信息检索相关知识。信息检索是根据特定的需要将相关信息准确地查找出来的过程。熟练掌握检索操作方法，能帮助大家检索到合适的信息，并快速应对检索过程中出现的各种问题。

4.5　习题

一、单选题

1. 下列选项属于信息检索过程的是（　　　）。
   - A. 在班级中填写家庭情况登记表
   - B. 用电子邮件预订宾馆
   - C. 到携程网查询航班起飞时间
   - D. 用 Excel 处理成绩统计表
2. 信息检索的方法不包括（　　　）。
   - A. 布尔逻辑检索
   - B. 截词检索
   - C. 字段检索
   - D. 机械检索
3. 搜索引擎的数据检索方式主要匹配内容是（　　　）。
   - A. 关键字
   - B. 数字
   - C. 中文
   - D. 英文
4. Cookie 的作用是（　　　）。
   - A. 在服务器端存储信息
   - B. 用于加密用户数据以提高安全性
   - C. 在客户端识别和存储用户信息
   - D. 用于管理网页应用程序的数据库记录

5. 在网页中查找内容的组合键是（　　）。
   A. Ctrl + C　　　　　　B. Ctrl + V　　　　　C. Ctrl + F　　　　　D. Ctrl + H
6. 下列资源专用平台中能够用于查找商标的是（　　）。
   A. 中国知网　　　　　　　　　　　　B. 万方
   C. 维普　　　　　　　　　　　　　　D. 国家知识产权局商标局
7. 在中国知网中查询某作者已公开发表的文章应根据下列（　　）字段进行检索。
   A. 主题　　　　　　　B. 篇名　　　　　　　C. 标题　　　　　　　D. 作者
8. 下列网站中常用于查询企业相关信息的是（　　）。
   A. 中国知网　　　　　　　　　　　　B. 国家知识产权局商标局
   C. 京东　　　　　　　　　　　　　　D. 天眼查
9. VPN 的全称是（　　）。
   A. Virtual Public Network
   B. Virtual Private Network
   C. Virtual Public Node
   D. Virtual Private Node
10. 搜索引擎排名优化的主要目的是（　　）。
   A. 提高网页的美观度和用户体验
   B. 吸引更多用户访问，提高访问量和商品的销售能力
   C. 增加网页的内容和功能
   D. 加快网页的加载速度和响应时间

二、多选题

1. 根据截词符的个数，截词检索可以分为（　　）。
   A. 有限截词　　　　　B. 无限截词　　　　　C. 后截词　　　　　D. 中间截词
2. 一般情况下，可缩小检索范围的方法有（　　）。
   A. 用布尔逻辑"或"检索　　　　　　B. 将检索词限制在关键词字段内
   C. 使用双引号　　　　　　　　　　D. 使用位置运算符
3. 位置检索应用于外文检索时，常用的位置运算符有（　　）。
   A. NEAR　　　　　　　B. COM　　　　　　　C. WITH　　　　　　D. ADJ
4. 关于 Cookie，以下说法正确的有（　　）。
   A. Cookie 是加密文件，包含用户数据　　B. Cookie 可用于识别用户
   C. Cookie 是储存在客户端的小型文本文件　D. Cookie 用于管理数据库记录
5. 搜索引擎支持的布尔逻辑检索方法包括（　　）。
   A. 布尔逻辑"与"检索　　　　　　　B. 布尔逻辑"或"检索
   C. 布尔逻辑"非"检索　　　　　　　D. 布尔逻辑"和"检索
6. （　　）是百度搜索引擎支持的限制检索方法。
   A. 限定时间检索　　　　　　　　　B. 限定地点检索
   C. 限定关键词出现的位置　　　　　　D. 限定网页格式
7. 下列属于检索截词符的是（　　）。
   A. "?"截词符　　　　　B. "$"截词符　　　　　C. "*"截词符　　　　　D. "!"截词符
8. 下列属于中国知网的检索字段的是（　　）。
   A. 主题　　　　　　　B. 篇名　　　　　　　C. 作者　　　　　　　D. 正文

9. （　　）是学校图书馆购买的用于使用检索论文服务的网站。

    A. 知网　　　　　　　　B. IEEE　　　　　　C. NoteExpress　　　D. EndNote

10. 使用京东检索笔记本计算机时有（　　）限制检索的筛选条件。

    A. 处理器　　　　　　　B. 内存容量　　　　　C. 屏幕尺寸　　　　　D. 显卡类型

三、简答题

1. 什么是搜索引擎？搜索引擎的基本工作原理是什么？运用搜索引擎进行信息检索的方法有哪些？

2. 文献检索可以通过对哪些字段进行限定并检索？

3. 为了实现乡村振兴战略，应当大力发展乡村特色产业，拓宽农民增收致富渠道。请结合生活中的信息检索例子，针对"农业+'文化、教育、旅游、康养、信息等产业'发展"，使用信息平台，整合各方资源为农户提供农业信息、农产品流通、农业生产、农业保险以及农业技术创新与推广等方面的服务与资讯。

模块五

新一代信息技术概述——科技引领发展

05

近几十年来，信息技术与多学科深度交叉融合，发展迅速，成为推动社会生产新变革、创造人类生活新空间的重要力量。以人工智能、量子信息、大数据分析、云计算、物联网、区块链、AR（增强现实）/VR（虚拟现实）等为代表的新兴技术，既随着信息技术的不断升级形成了相关产业，又促进了传统产业的转型升级。这些技术一方面应用于人们日常生活，如智能眼镜、智能手表等可穿戴设备，正在逐渐改变人们的生活方式；另一方面应用于科学研究，如载人航天、量子通信等。我国正在加快建设现代化产业体系，推动战略性新兴产业融合集群发展，构建新一代信息技术、人工智能、生物技术、新能源、新材料、高端装备、绿色环保等一批新的增长引擎。本模块通过介绍与新一代信息技术紧密联系的产品和事件，带领大家了解新一代信息技术，在了解新信息技术的基础上，提升大家发现问题、分析问题、解决问题的能力，畅想未来发展，做信息时代的先行者。

项目 5.1 生活中的新技术——悄然改变人们生活的新信息技术

在人类历史上，每一项划时代的重大技术进步，都会使我们的生活工具和生活方式产生质的改变。蒸汽机技术使工业生活工具取代了手工业生活工具的主导地位，并使人类社会步入工业文明时代；电气技术使生活工具的自动化程度不断提高，人类社会也进入了一个新阶段；如今以计算机通信技术为核心的新一轮信息技术革命，引发了新一轮科技革命和产业变革。AR/VR、云计算、物联网、深度学习、区块链、大数据分析、人工智能、量子通信及量子计算技术等新一代信息技术正在快速发展，它们的应用已经逐渐渗入到我们日常生活中的方方面面，同时也在改变着我们的生活方式和生活习惯。本项目以可穿戴设备中的智能眼镜和智能手环为切入点，带领大家了解新一代信息技术。目前热门的可穿戴设备及其运用的新信息技术如图 5-1 所示。

视频 5-1

悄然改变人们生活的新信息技术

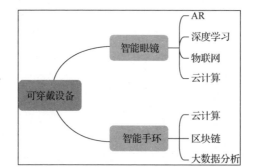

图 5-1 可穿戴设备及其运用的新信息技术

5.1.1　任务：体验智能眼镜

智能眼镜是指同智能手机一样拥有独立的操作系统，可以通过安装软件来实现各种功能的可穿戴的眼镜设备的统称。尽管当前智能眼镜市场还未完全兴起，但是它被视为未来智能科技产品的重要增长点，是谷歌、微软、华为、小米等众多科技企业的重点研发项目之一。本小节以小米公司推出的无线 AR 眼镜探索版为例，介绍如何使用智能眼镜，带领大家体验智能眼镜的神奇魅力，并了解各种新信息技术在可穿戴设备中的应用。

【任务描述】

本任务的主要内容是体验智能眼镜的新功能，探讨智能眼镜用到的新信息技术，要求完成以下任务。

（1）体验智能眼镜导航。

（2）体验智能眼镜拍照。

（3）思考和探讨智能眼镜的新技术、新功能。

【示例演练】

本任务涉及智能眼镜的功能体验，在开始任务前，请扫描二维码，查看电子活页中的内容，了解小米公司推出的无线 AR 眼镜探索版，体验 AR 眼镜的基本功能和操作。

【任务实现】

1. 体验智能眼镜导航

使用智能眼镜进行导航，可以更方便地获得路线指引和导航信息，使出行更加顺畅和安全。智能眼镜导航需要在安装有地图软件的智能眼镜硬件设备中使用，当前部分智能眼镜已支持步行、骑行等导航模式。用户通过语音唤醒等交互方式，可以随时随地发起步行、骑行导航。在步行、骑行导航过程中，智能眼镜会在实际场景中叠加导航指示，例如箭头、地图和文字说明，帮助用户找到正确的方向和路径，

电子活页 5-1

体验小米 AR 眼镜

用户无须频繁抬头或低头以切换视线，真正解放用户双手，提高步行、骑行导航过程的便利性，增强沉浸感。这种全新的智能眼镜导航方式，利用软硬件一体的创新模式提升了用户的出行效率，给用户带来在"元宇宙生活"中轻松畅快出行的新体验。请扫描二维码，查看电子活页内容，体验小米 AR 眼镜。理想中的智能眼镜导航如图 5-2 所示。

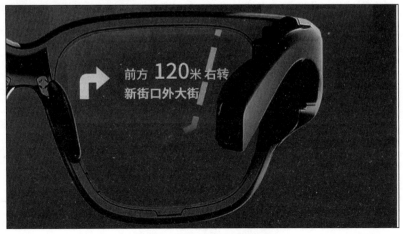

图 5-2　理想中的智能眼镜导航

2. 体验智能眼镜拍照

相比于使用手机、相机等设备拍照，使用智能眼镜拍照是一种全新的体验。智能眼镜拍下的画面是用户的第一视角的。智能眼镜非常适合记录生活，而且携带方便，人们可以随时随地记录生活美好的瞬间。智能眼镜相机的头戴形态使得它在进行实时取景之余还具备了更即时的抓拍能力，省去了掏手机或举起相机的时间，这可以解决不少摄影爱好者的问题。在视频记录时也完全不需要占用双手，可以更安心地拍摄，并在拍摄的同时进行其他活动。部分智能眼镜还拥有时光回溯功能，也就是在按下快门的一瞬间可以记录前 10 秒的对焦内容，这为后期找回美好瞬间提供了回溯的可能。将相机与智能眼镜形态相结合，能够带来第一视角、所见即所得的头戴拍摄新体验，让用户能够以更简单的方式记录生活，彻底解放双手。具有拍照功能的智能眼镜如图 5-3 所示。

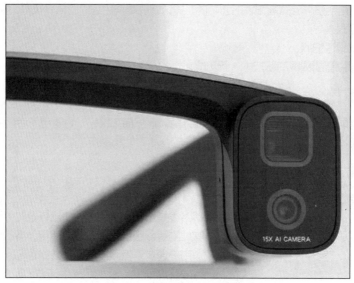

图 5-3　具有拍照功能的智能眼镜

3. 思考和探讨智能眼镜的新技术、新功能

相对于智能手机系列产品，目前市面上的智能眼镜还比较少见。可以设想在不久的将来，随着物联网、云计算等技术的发展，智能城市逐步建成，周围的智能传感器可以记录一切信息，包括步行路线、共享汽车使用情况、产品详细信息、环境湿度和温度等。将这些信息接入智能眼镜，会为人们带来前所未有的便利。假定自己是智能眼镜产品的设计开发人员，试着从前后端的技术角度分析智能眼镜产品，思考如 AR、云计算、物联网、深度学习等新信息技术是如何应用在智能眼镜中的。AR、云计算、物联网、深度学习应用提示如表 5-1 所示。

表 5-1　AR、云计算、物联网、深度学习应用提示

新技术	已有应用提示
AR	生成屏幕中的内容，在虚拟和现实世界间建立起互动联系
云计算	在"云端"实现数据处理及存储，而不是在本地客户端
物联网	通过传感器实现温度、湿度等各类信息监测并实现信息互联
深度学习	完成人脸识别、姿态识别等模式识别任务

（1）参考表 5-1 给出的提示，请探讨智能眼镜用到了哪些新信息技术，为什么要使用这些技术以及这些技术是如何发挥作用的？

（2）请探讨智能眼镜还可以从哪些方面增加新功能，进而方便我们的生活？例如应用深度学习技术加入人脸识别功能来帮助记录人名，实现快速而准确的人名记录功能，从而让我们不再担心忘记他人的名字，为社交场合带来极大的便利。

（3）智能眼镜的发展大体可以分为四个阶段，第一阶段是看得见，能实现更高分辨率的大尺寸商业显示；第二阶段是看得清，实现各种互动应用；第三阶段是看得远，应用至医疗、物流、汽车等领域；第四阶段是看得透，无感佩戴，让智能眼镜成为隐形的可穿戴设备。请围绕以上目标了解产业界在尝试什么新技术，探讨难点在哪里？例如产业界正在尝试将智能眼镜应用于医疗领域，已有一些企业的智能眼镜解决方案可以辅助外科医生操作手术，这一应用的主要难点在于如何确保手术的安全。

5.1.2　任务：体验智能手环

在融入智能科技之前，手环通常被看作是一种装饰品。现在的智能手环可以记录用户的健身效果、睡眠质量、饮食安排和习惯等数据，并且可以将这些数据同步到用户的移动终端设备中，终端设备可以根据自己的"分析功能"给出相关建议。可以说，智能手环有通过数据指导健康生活的作用。智能手环功能示意图如图 5-4 所示。本任务将介绍如何使用智能手环，体验智能手环的常用功能。

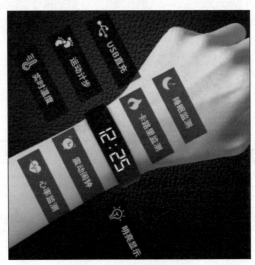

图 5-4　智能手环功能示意图

【任务描述】

本任务的主要内容是体验智能手环的新功能、探讨智能手环用到的新信息技术，要求完成以下任务。

（1）体验智能手环睡眠监测。

（2）体验智能手环运动记录。

（3）思考和探讨智能手环的新技术、新功能。

【示例演练】

本任务的主要内容是体验当前智能手环的功能和技术，在开始任务前，我们先来了解智能手环的发展过程，请扫描二维码，查看电子活页中的内容，了解智能手环进化史。

电子活页 5-2

了解智能手环进化史

【任务实现】

1. 体验智能手环睡眠监测

在如今的智能科技时代，智能手环成为越来越多人生活中的必备物品。以睡觉为例，在睡前将智能手环设置为睡眠模式，并通过低功耗蓝牙模组与智能手机连接实现实时同步，醒来后便可在手机中查看智能手环监测到的入睡时间、清醒时间、深睡/浅睡时长、整体的睡眠质量等信息。智能手环的睡眠监测功能可以帮助人们更好地了解和管理自己的睡眠，从而改善身体健康、提高生活质量和工作效率。

2. 体验智能手环运动记录

对于健身的人来说，智能手环是一个负责的私人教练，可以告诉用户每天的运动路径、消耗卡路里和摄入热量。我们可以设置运动目标，如要走多少步、消耗多少卡路里等，智能手环还会实时显示运动的完成率，各项数据均可以量化。智能手环还具有防水功能，克服了传统计步器无法跟踪游泳运动的缺陷。智能手环的运动记录功能为人们提供了有益的健康管理，促进了健康生活方式的养成。

3. 思考和探讨智能手环的新技术、新功能

智能手环作为可穿戴设备，外观设计一般很出彩。智能手环体积小，但功能还是比较强大的，其研发涉及智能手环微控制单元（Microcontroller Unit，MCU）数据指令到蓝牙的传输、蓝牙到 App 的数据通信协议、App 到手机内部的通信调试逻辑实现、App 数据到云端服务器的数据库算法设计等一系列过程。

顺着智能手环发展史，我们可以发现随着新技术的应用，产品迭代不断地加速，可以满足越来越多消费者的需求，智能手环产品已经从一个新鲜的概念逐步进入人们的生活，并将发挥更大的作用。智能手环中大数据分析、区域链、云计算应用提示如表 5-2 所示。

表 5-2　大数据分析、区块链、云计算应用提示

新技术	已有应用提示
大数据分析	数据的可视化以及挖掘数据深层的价值
区块链	分布式记账本，信息加密
云计算	大规模数据存储及高性能计算

（1）参考表 5-2 给出的应用提示，请探讨有哪些新技术逐步应用到了智能手环领域，这些新技术是如何改变人们生活的？

（2）请探讨智能手环还可以从哪些方面增加新功能，进而方便我们的生活？例如可以与 GPS 技术结合，提供简单的导航和地图查看功能，帮助用户在户外环境中快速找到目的地。在跑步、骑行、登山等场景下使用手机导航较为不便，直接在手环上查看地图和导航信息可以增加户外活动的安全性和便利性。

（3）请探讨如果要实现以上的目标，需要使用什么新技术，难点在哪里？以在智能手环中增加地图导航功能为例，如何在小尺寸的手环屏幕上展现详细的地图内容是一大难点，可以使用自动化、智能化的方式对已有的用于手机导航的地图数据进行一定程度的简化，保留主要的特征，方便用户在户外场景下快速了解周围环境。

5.1.3　知识讲解

1. AR 技术

增强现实（Augmented Reality，AR）是一种将虚拟世界与真实世界巧妙融合的技术，广泛运用了

多媒体、三维建模、实时跟踪及注册、智能交互、传感等多种技术手段，将计算机生成的文字、图像、三维模型、音乐、视频等虚拟信息模拟仿真后，应用到真实世界中，两种信息互为补充，从而实现对真实世界的"增强"。

AR 技术不仅能够有效体现出真实世界的内容，也能将虚拟的信息内容显示出来，这些内容相互补充和叠加。在视觉化的增强现实中，用户在头盔显示器中能感受到真实世界和计算机图形重合在了一起。

AR 技术有三大技术要点：三维注册（跟踪注册技术）、虚拟现实融合显示、人机交互。

（1）三维注册。三维注册是 AR 技术的核心，它以现实场景中二维或三维物体为标识物，将虚拟信息与现实场景信息进行对位匹配，即虚拟物体的位置、大小、运动路径等与现实环境完美匹配，达到虚实相生的地步。

（2）虚拟现实融合显示。AR 系统通过摄像头和传感器在真实场景中进行数据采集，并将数据传入处理器进行分析和重构，再通过 AR 头盔显示器或智能移动设备上的摄像头、陀螺仪、传感器等配件实时更新用户在现实环境中的空间位置变化数据，得出虚拟场景和真实场景的相对位置，进而实现坐标系的对齐并进行虚拟场景与现实场景的融合计算，最后将合成影像呈现给用户。

（3）人机交互。AR 系统通过 AR 头盔显示器或智能移动设备上的交互配件，如话筒、眼动追踪器、红外感应器、摄像头、传感器等设备采集控制信号，实现相应的人机交互及信息更新。

总的来说，AR 技术是一种全新的人机交互技术，用户可以通过 AR 系统突破空间、时间以及其他客观限制，感受到在真实世界中无法亲身经历的体验。AR 系统基本具备以下三个特点：

（1）真实世界和虚拟世界的信息集成；

（2）具有实时交互性；

（3）在三维尺度空间中可以增添定位虚拟物体。

AR 技术不仅应用在与 VR 技术相类似的领域，如尖端武器、飞行器的研制与开发、数据模型的可视化、虚拟训练、娱乐与艺术等，而且由于其具有能够对真实环境进行增强显示输出的特性，在医疗研究与解剖训练、精密仪器制造和维修、军用飞机导航、工程设计和远程机器人控制等领域均有广阔的应用前景。

2. 云计算技术

大规模分布式计算技术即为"云计算"（cloud computing）的概念起源。云计算在网络服务中已经随处可见，如搜索引擎、电商服务、网络信箱等，用户只要输入简单指令就能得到大量信息。

"云"实质上就是一个网络，狭义地讲，云计算就是一种提供资源的网络，用户可以随时获取"云"上的资源，按需求量使用，按使用量付费，并且资源可以被看成是无限扩展的。"云"就像自来水厂一样，用户可以随时接水，并且不限量，按照自己家的用水量，付费给自来水厂就可以。从广义上说，云计算是与信息技术、软件、互联网相关的一种服务，这种计算资源共享池是"云"。云计算把许多计算资源集合起来，通过软件实现自动化管理，只需要很少的人参与，就能快速提供资源。也就是说，计算能力作为一种商品，可以在互联网上流通，就像水、电、天然气一样，可以方便地被取用，且价格较为低廉。云计算不是一种全新的网络技术，而是一种全新的网络应用概念，云计算的核心概念就是以互联网为中心，在网站上提供快速且安全的云计算服务与数据存储，让每一个使用互联网的人都可以使用网络上的庞大计算资源与数据中心。

云计算本质上是一种基于并高度依赖于互联网的计算资源交付模型，集合了大量服务器、应用程序、数据和其他资源，通过互联网以服务的形式提供这些资源，并且采用按使用量付费的模式。用户与实际服务提供的计算资源相分离，并向用户屏蔽底层差异的分布式处理架构。用户可以根据需要从诸如阿里云、华为云、腾讯云等云提供商获得技术服务，如数据计算、存储和数据库，而无须购买、拥有和维护物理数据中心及服务器。

云计算是一种分布式计算技术，其工作原理是通过网络"云"将庞大的计算处理程序自动分拆成无数个较小的子程序，再交由多部服务器所组成的庞大系统搜索、计算、分析之后将处理结果回传给用户。通过这项技术，网络服务提供者可以在很短的时间内（数秒之内），完成对数以千万计的数据的处理，提供和"超级计算机"同样强大效能的网络服务。现阶段云服务已经不单单是一种分布式计算，而是分布式计算、效用计算、负载均衡、并行计算、网络存储、热备份冗杂和虚拟化等计算机技术混合演进的结果。

云计算具有高灵活性、可扩展性和高性价比等特点，与传统的网络应用模式相比，其还具有如下优势与特点。

（1）虚拟化。

虚拟化突破了时间、空间的界限，是云计算最为显著的特点，虚拟化技术包括应用虚拟和资源虚拟两种。物理平台与应用部署的环境在空间上是没有任何联系的，云计算通过虚拟平台对相应终端完成数据备份、迁移和扩展等操作。

（2）动态可扩展。

云计算具有高效的运算能力，在原有服务器基础上增加云计算功能能够使计算速度迅速提高，最终实现动态扩展虚拟化要求，达到扩展应用的目的。

用户可以利用应用软件的快速部署条件来更为简单快捷地将自身所需的已有业务以及新业务进行扩展。例如，云计算系统中出现设备的故障，对于用户来说，无论是在计算机层面上，还是在具体运用上都不会受到阻碍，用户可以利用云计算具有的动态扩展功能来对其他服务器开展有效扩展。这样就能够确保任务得以有序完成。

（3）按需部署。

计算机包含了许多应用、程序软件等，不同的应用对应的数据资源库不同，所以用户运行不同的应用时需要较强的计算能力对资源进行部署，而云计算平台能够根据用户的需求快速配备相应的计算能力及资源。

（4）灵活性高。

目前市场上大多数信息技术资源、软件、硬件都支持虚拟化，如存储网络、操作系统和开发软硬件等。虚拟化要素统一放在云系统资源虚拟池中进行管理，可见云计算的兼容性非常强，可以兼容低配置机器、不同厂商的硬件产品，并使其能够实现高性能计算。

（5）可靠性高。

云计算即使出现服务器故障也不会影响计算与应用的正常运行，因为单点服务器出现故障后，可以通过虚拟化技术将分布在不同物理服务器上面的应用进行恢复或利用动态扩展功能部署新的服务器进行计算。

（6）性价比高。

将资源放在虚拟资源池中统一管理在一定程度上优化了物理资源，用户不再需要造价昂贵、占地空间大的主机，而可以选择相对廉价的计算机组成云，减少了费用，但计算性能不逊于大型主机。

如今，云计算技术已经融入社会生活的方方面面。云存储，是在云计算技术上发展起来的一种新的存储技术。云存储是一个以数据存储和管理为核心的云计算系统。用户将本地的资源上传至云端上后，可以在任何地方连入互联网来获取云上的资源。大家所熟知的微软等大型网络公司均有云存储的服务，在国内，腾讯云、阿里云等公司业务市场占有量较大。云存储向用户提供了存储容器服务、备份服务、归档服务和记录管理服务等，大大方便了用户对资源的管理。云计算应用主要包括以下几个方面。

（1）医疗云。医疗云是指在云计算、移动技术、多媒体、5G通信、大数据以及物联网等新技术基础上，结合医疗技术，使用云计算创建医疗健康服务云平台，实现医疗资源的共享和医疗范围的扩大。医疗云可以提高医疗机构的效率，方便居民就医，如医院的预约挂号、电子病历、电子医保等都是云计算与医疗领域结合的产物，医疗云还具有数据安全、信息共享、动态扩展、布局全国等优势。

（2）金融云。金融云是指利用云计算的模型，将各金融机构及相关机构的数据中心互联互通，构成云网络，以提高金融机构迅速发现并解决问题的能力。金融云旨在为银行、保险和基金等金融机构提供互联网处理和运行服务，同时共享互联网资源，从而解决现有问题并且达到高效、低成本的目标。现在，金融与云计算的结合使快捷支付基本普及，用户只需要在手机上简单操作，就可以实现银行存款、保险购买和基金买卖等操作。目前已有多家企业推出了自己的金融云服务。

（3）教育云。教育云可以将所需要的多种教育硬件资源虚拟化，然后将其传入互联网中，以向教育机构和学生、教师提供一个方便快捷的平台。慕课就是教育云的一种应用。

（4）服务云。用户使用在线服务来发送邮件、编辑文档、看电影、听音乐、玩游戏和存储文件，这些都属于服务云的范畴。

3. 物联网技术

通过在物品上嵌入电子标签、条形码等能够存储物体信息的标识，并且通过无线网络将即时信息发送到后台信息处理系统，而信息系统可以通过互联形成一个庞大的网络，从而达到对物品进行实时跟踪、监控等智能化管理的目的。这个网络就是物联网（Internet of Things，IoT）。通俗来讲，物联网可实现人与物之间的信息沟通。

物联网是在计算机互联网的基础上，利用射频识别（Radio Frequency Identification，RFID）、无线数据通信等技术，构造一个覆盖世界上万事万物的网络。在这个网络中，物品能够彼此进行"交流"，且无须人的干预。物联网的实质是利用 RFID 技术，通过计算机和互联网实现物品的自动识别和信息的互联与共享。

RFID 可以理解为是一种让物品"开口说话"的技术。RFID 标签中存储着规范而具有互用性的信息，通过无线网络把它们自动采集到中央信息系统，实现物品的识别，并通过开放性的计算机网络实现信息交换和共享，以及对物品的"透明"管理。

"物联网"概念的问世，打破了之前的传统思维。过去的思路一直是将物理基础设施和 IT 基础设施分开：一方面是机场、公路、建筑物，而另一方面是数据中心，包括个人计算机、宽带等。而在"物联网"时代，钢筋混凝土、电缆等设施将与芯片、宽带整合为统一的基础设施，在此意义上，基础设施更像是一块新的"地球工地"，经济管理、生产运行、社会管理乃至个人生活都在它上面进行。

目前，物联网还没有一个被广泛认同的体系结构，但是，我们可以根据物联网对信息感知、传输、处理的过程将其划分为 3 层结构，即感知层、网络层和应用层。

感知层：主要用于对物理世界中的各类数据，如标识、音频、视频等的感知与采集。数据采集主要涉及传感器、RFID、二维码等技术。

网络层：主要用于实现更广泛、更快速的网络互联，从而对感知到的数据信息安全地进行传送。目前能够用于物联网的通信网络主要有互联网、无线通信网、卫星通信网与有线电视网。

应用层：主要包含应用支撑平台子层和应用服务子层。应用支撑平台子层用于支撑跨行业、跨应用、跨系统之间的信息协同、共享和互通。应用服务子层包括智能交通、智能家居、智能物流、智能医疗、智能电力、数字环保、数字农业、数字林业等领域。

物联网主要具有以下主要特征。

（1）全面感知。

利用 RFID、传感器、定位器和二维码等技术可以随时随地对物体信息进行获取和采集。感知包括传感器的信息采集、协同处理、智能组网，甚全信息服务，以达到及时控制、指挥传感器的目的。

（2）可靠传递。

可靠传递是指通过各种电信网络和互联网融合，对接收到的感知信息进行实时远程传送，实现信息的交互和共享，并进行各种有效的处理。在这一过程中，通常需要用到现有的电信网络，包括无线和有线网络。传感器网络就是一个局部的无线网，因而无线移动通信网、5G 网络是承载物联网的必要平台。

（3）智能处理。

智能处理是指利用云计算、模糊识别等各种智能计算技术，对随时接收到的跨地域、跨行业、跨部门的海量数据和信息进行分析处理，从而提升对社会各种活动和变化的洞察力，实现智能化的决策和控制。对于物联网公司，要想取得竞争优势，必须通过智能处理和分析明确开发智能互联产品的功能和特色。

物联网的应用还涉及智能交通、环境保护、政府工作、公共安全、平安家居、智能消防、工业监测、老人护理、个人健康、花卉栽培、水系监测、食品溯源、敌情侦查和情报搜集等多个领域。

4. 深度学习技术

深度学习（Deep Learning，DL）是机器学习（Machine Learning，ML）领域中的一个新的研究方向，它被引入机器学习并使其更接近于最初的研究目标——人工智能（Artificial Intelligence，AI）。

深度学习过程需要学习样本数据的内在规律和表示层次，这些学习过程中获得的信息对诸如文字、图像和声音等数据的解释有很大的帮助。它的最终目标是让机器能够像人一样具有分析、学习能力，从而能够让机器识别文字、图像和声音等数据。

深度学习是机器学习的一种，而机器学习是实现人工智能的必经之路。深度学习的概念源于神经网络的研究，含多个隐藏层的多层感知器就是一种深度学习结构。深度学习通过组合底层特征形成更加抽象的高层表示属性类别或特征，以发现数据的分布式特征表示。研究深度学习的动机在于建立模拟人脑进行分析学习的神经网络，该神经网络通过模仿人脑的机制来解释图像、声音、文本等数据。

近年来，研究人员也逐渐将各种深度学习方法结合起来，例如，对原本是以有监督学习为基础的卷积神经网络结合自编码器神经网络进行无监督的预训练，再利用鉴别信息微调网络参数形成的卷积深度置信网络。与传统的学习方法相比，深度学习方法预设了更多的模型参数，需要参与训练的数据量也更大。因此深度学习模型训练难度要比传统方法大得多。

深度学习目前在语音和图像识别方面取得的成果颇丰，在搜索技术、数据挖掘、机器学习、机器翻译、自然语言处理、多媒体学习、推荐和个性化技术，以及其他相关领域都也取得了很多成果。深度学习使机器可以模仿视听、思考等人类的活动，解决了很多复杂的模式识别难题，使得人工智能相关技术取得了很大进步。请扫描二维码，查看电子活页内容，了解深度学习为什么能够脱颖而出。

电子活页 5-3

深度学习为什么能够脱颖而出

5. 区块链技术

区块链本质上是一个基于点对点（Peer-to-Peer，P2P）的价值传输协议，不能只看到了 P2P，而看不到价值传输。同样的，也不能只看到了价值传输，而看不到区块链的底层技术。区块链更像是一门结合了 P2P 网络技术、非对称加密技术、宏观经济学、经济学博弈等知识的交叉学科。

区块链是一个公共的分布式总账，下面从以一个例子对区块链进行介绍。

想象一个有 100 个节点的分布式数据库集群，这 100 个节点实际上的拥有者是一个机构，并且所有节点处在该机构的内网中，此时这个机构想让这 100 个数据库节点干什么就干什么，即这 100 个节点之间是处于一个可信任的环境，并且受控于一个实体，这个实体具有绝对仲裁分配权。

第二种情况是这样的，想象这 100 个节点分别归不同的人所有，且每个人的节点数据都是一样的，即完全冗余，并且所有的节点均处在广域网中，可以理解为这 100 个节点之间是互相不信任的，且不存在一个拥有绝对仲裁权的实体。

现在考虑在第二种情况下，采用什么样的算法（共识模型）才能够提供一个可信任的环境，能够满足以下条件：每个节点交换数据的过程不被篡改；交换历史记录不可被篡改；每个节点的数据会同步到最新数据且承认经过共识的最新数据；基于少数服从多数的原则，整体节点维护的数据本身客观反映了交换历史。

区块链技术上就是要解决以上问题的一种技术方案，更确切地说应该叫分布式的冗余的链式总账本方案。区块链技术是利用块链式数据结构来验证与存储数据、利用分布式节点共识模型来生成和更新数据、利用密码学的方式保证数据传输和访问的安全、利用由自动化脚本代码组成的智能合约来编程和操作数据的一种全新的分布式基础架构与计算范式。

在区块链系统中，每过一段时间，各参与主体产生的交易数据会被打包成一个数据区块，数据区块按照时间顺序依次排列，形成数据区块的链条。各参与主体拥有同样的数据链条，且无法单方面篡改，任何信息的修改只有经过约定的主体同意后方可进行，并且只能添加新的信息，无法删除或修改旧的信息，从而实现多主体间的信息共享和一致决策，确保各主体身份和主体间交易信息的不可篡改、公开透明。

区块链作为一种分布式结构拥有以下 5 个重要的特性。

（1）去中心化。

区块链是一种分布式数据存储结构，没有中心节点，所有节点都保存完全相同的区块信息，完全实现去中心化。对于特殊的应用场景，可以适当地采用弱中心化的管理节点，即中心节点不影响整个区块链结构的运行，如弱中心化的监管机制。从安全角度来说，弱中心化结构中的中心节点要满足对区块链的安全不构成威胁，对用户隐私不构成威胁等条件。

电子活页 5-4

什么是 P2P、Hash
加密、Merkle 树

（2）不可篡改性。

区块链中存储的交易信息每一条都有相对应的 Hash 值，由每一条记录的 Hash 值作为叶子节点生成二叉 Merkle 树，Merkle 树的根节点（Hash 值）保存在本区块的块头部分，区块头部除了当前区块的 Merkle 树的根节点，还要保存时间戳以及前一个区块的标识符（Hash 指针）形成一条链式结构。因此，要想篡改区块链中的一条记录，不仅要修改本区块的 Hash 值，还要修改后续所有区块的 Hash 值，或者生成一条新的区块链结构，使得新的链比原来的链更长。实际上，这是很难实现的。一般来说，一个区块后面有 6 个新的区块生成时，就认为该区块不可篡改，即可将该区块加入到区块链的结构中。请扫描二维码，查看电子活页内容，了解什么是 P2P、Hash 加密、Merkle 树。

（3）不可伪造性。

区块链保存的交易数据中不仅含有 Hash 值，还有交易双方的签名以及验证方的签名。签名具有不可伪造性。

（4）可验证性。

区块链的可验证性是区块链技术的一个重要特性，它允许任何人通过查看和验证区块链上的数据来确认数据的真实性和完整性。区块链中的数据通过密码学技术和共识算法保证不可篡改，每个区块包含前一个区块的 Hash 值，形成了不可逆转的数据链。这种去中心化的数据存储方式使得区块链上的所有数据都是公开可查的，任何人都可以监督和验证交易的真实性，增加了数据的可信度和可靠性，从而使区块链成为一种值得信赖的数据存储和交换方式。

（5）匿名性。

区块链中的匿名性实际上是一种伪匿名性。区块链中使用假名技术来切断账号和真实身份的联系。例如，对用户公钥进行一系列的 Hash 运算，得到的固定长度的 Hash 值作为对应的电子账号。实际上，随着使用次数的增加，通过数据分析可以分析出账号的很多交易行为，比如经常和哪些账号做交易，交易金额为多少等，甚至可以和现实中的真实身份相联系。

区块链技术将大大优化现有的大数据应用，在数据流通和共享上发挥巨大作用。未来互联网、人工智能、物联网都将产生海量数据，现有中心化数据存储（计算）模式将面临巨大挑战，基于区块链技术的边缘存储（计算）模式有望成为未来该问题的解决方案。另外，区块链对数据的不可篡改和可追溯机制保证了数据的真实性和可靠性，这成为大数据、深度学习、人工智能等一切数据应用的安全基础。最后，区块链可以在保护数据隐私的前提下实现多方协作的数据计算，有望解决"数据垄断"和"数据孤岛"问题，实现数据流通。针对当前的区块链发展阶段，为了满足一般商业用户区块链开发和应用需求，众多传统云服务商开始部署自己的区块链即服务（Blockchain as a Service，BaaS）解决方案。区块链与云计算的结合将有效降低企业区块链部署成本，推动区块链应用场景落地。未来区块链技术还会在慈善公益、保险、能源、物流、物联网等诸多领域发挥越来越重要的作用。

6. 大数据分析技术

大数据本身是一个抽象的概念。从一般意义上讲，大数据指无法在一定时间范围内用常规软件工具进行获取、存储、管理和处理的数据集合，也指需要新处理模式才能处理的具有更强的决策力、洞察发现力和流程优化能力的海量、高增长率和多样化的信息资产。

大数据技术是指从各种各样类型的数据中，快速获得有价值信息的能力。大规模并行处理数据库、数据挖掘、分布式文件系统、分布式数据库、云计算平台、互联网和可扩展的存储系统等都需要用到大数据技术。

具体来讲，大数据将有以下作用。

（1）对大数据的处理分析正成为新一代信息技术融合应用的节点。

移动互联网、物联网、社交网络、数字家庭、电子商务等是新一代信息技术的应用形态，这些应用正在不断产生海量的数据。云计算为这些海量、多样化的大数据提供存储和运算平台。通过对不同来源的数据的管理、处理、分析与优化，将结果反馈到上述应用中，可以创造出巨大的经济和社会价值。

（2）大数据是信息产业持续高速增长的新引擎。

面向大数据市场的新技术、新产品、新服务、新业态会不断涌现。在硬件与集成设备领域，大数据将对芯片、存储产业产生重要影响，还将催生一体化数据存储处理服务器市场。在软件与服务领域，大数据将引发数据快速处理分析、数据挖掘技术和软件产品的发展。

（3）大数据将成为提高核心竞争力的关键因素。

各行各业的决策正在从"业务驱动"向"数据驱动"转变。对合并后数据集进行分析得出的信息和数据关联性，可以用来察觉商业趋势、判定研究质量、避免疾病扩散、打击犯罪或测定即时交通路况等。在商业领域，企业利用相关数据分析来降低成本、提高效率、开发新产品、做出更明智的业务决策。大数据分析技术可以使企业实时掌握市场动态并迅速做出应对，还可以支持为企业制定更加精准有效的营销策略，可以帮助企业为消费者提供更加及时和个性化的服务。在医疗领域，大数据分析技术可帮助提高诊断准确性和药物有效性。在公共事业领域，大数据分析技术在促进经济发展、维护社会稳定等方面也开始发挥越来越重要的作用。

（4）大数据时代科学研究的方法手段将发生重大改变。

抽样调查是社会科学的基本研究方法，而在大数据时代，可对通过实时监测、跟踪研究对象在互联网上产生的海量行为数据进行挖掘分析，揭示出内在规律性，提出研究结论和对策。

制造业、物流、医疗、农业等行业的大数据应用水平还处在初级阶段，但未来由消费者驱动的模式会推动这些行业的大数据应用进程逐步加快。数据已经是重要的生产要素，在大数据应用综合价值方面，信息技术、金融保险、政务及批发贸易等行业的潜力非常高，金融保险、公用事业等行业的数据量非常大。

项目 5.2 航天发展的新技术——助力航天事业发展的新信息技术

对于太空中的资源，国际上遵循的原则是"谁开发，谁利用"，现在对航天事业的投入就是对国家未来发展的投资，就是抢占太空资源利用的先机。航天事业是一个高度集成的科学研究领域，涉及的研究方向也包括信息技术中的很多领域，如人工智能、量子通信等，信息技术的新突破会为航天事业发展提供强有力的助力。航天应用中的部分新信息技术如图 5-5 所示。

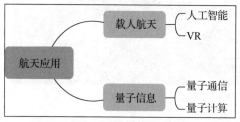

图 5-5 航天应用中的部分新信息技术

视频 5-2

助力航天事业发展的
新信息技术

5.2.1 任务：体验中国载人航天技术

从天和核心舱发射入轨到梦天实验舱成功转位，中国空间站"T"字基本构型在轨组装完成。中国空间站用近万圈飞行成长为一个大型空间站。回顾中国航天发展史后，我们将分析如何通过新信息技术助力航天事业发展。

【任务描述】

本任务的主要内容是分析如何通过新信息技术助力航天事业发展，要求完成以下任务。

（1）分析在火箭设计和制造过程中哪些信息技术可以应用于提高火箭可靠性。

（2）分析 VR 技术如何实现航天员的太空环境模拟演练。

（3）分析自动驾驶领域中的强化学习技术是否可用于航天器。

（4）分析中国载人登月工程的不同阶段使用的信息技术有何变化。

【示例演练】

自古以来我国人民就有飞天梦想，如今在各种新技术的加持下，我们迎来了属于自己的空间站，本任务涉及信息技术在我国航空航天中的应用，为了更好地完成本任务，在开始任务前，请扫描二维码，查看电子活页中的内容，体验中国航天发展史。

电子活页 5-5

中国航天发展史

【任务实现】

1. 分析在火箭设计和制造过程中哪些信息技术可以应用于提高火箭可靠性

2011 年 9 月 29 日，天宫一号目标飞行器发射成功，初步建立了空间实验平台，为建造我国空间站积累了经验，为未来不断发展奠定了坚实基础。"天宫一号"空间实验室如图 5-6 所示。2022 年 7 月 24 日发射成功的问天实验舱是中国空间站第二个舱段，也是首个科学实验舱，主要用于支持航天员驻留、出舱活动和开展空间科学实验，同时可作为天和核心舱的备份，对空间站进行管理。回顾这些激动人心的时刻，空间站建设之所以能成功完成任务，任务前的充分准备及任务中的精准操作缺一不可。

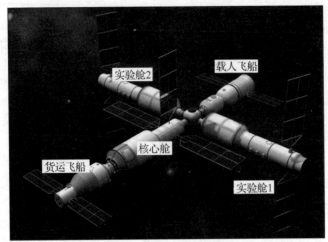

图 5-6 "天宫一号"空间实验室

　　每一次航天任务，都要经过长期的准备，任务中的每一个细节都是对技术的考验，都需要经过反复的检查。因为运载火箭的发射不像汽车、火车那样，发动机启动后若出现问题，可以随时关闭停下来检查或修理，火箭起飞后，一旦出现故障就意味着发射的失败。所以，火箭制造要求极高，火箭设计需要进行大量的模拟仿真及数据分析，从海量的仿真及实验数据中找到可能存在的缺陷。大数据分析技术可以关联更多的信息，并从中及时预测和识别缺陷，为设计人员提供有力支持。

　　（1）试分析在火箭设计及制造过程中可以使用哪些大数据技术识别缺陷？例如在火箭设计和制造过程中，可能有大量的有关火箭零部件的图像或视频数据，可以使用图像识别技术来检测和识别缺陷，如裂纹、破损等。

　　（2）还有哪些技术可以应用于提高火箭可靠性？例如在火箭的维修方面，可以利用虚拟现实技术进行仿真，设计人员通过戴上三维头盔显示器及位置跟踪设备，可对火箭维修方案的可行性进行验证。操作人员可身临其境对火箭维修流程进行操作，有效确保火箭关键零部件在发射场一旦出现问题时，有安全可靠的维修方案。

2. 分析 VR 技术如何实现航天员的太空环境模拟演练

　　航天员的培训也是极其重要的准备过程。航天员是经过层层选拔的精英，必须具有过人的身体素质及心理素质。为了顺利完成任务还要经过长达三到五年的培训，其中包括熟悉航天器模拟舱中操作内容、从起飞到着陆的全部飞行科目训练、飞行程序和其他类别的操作（如在飞行中与地面通信联络，应对紧急状态和故障）。这些训练如果有虚拟现实（Virtual Reality，VR）技术的支持，可以对太空环境进行模拟，让航天员能够身临其境地练习操作、对接。

　　（1）试分析除了上述演练项目外，通过 VR 还可以实现哪些航天员演练项目？与一般生活中接触的VR 有些什么不同？例如航天器某些关键设备在轨运行期间发生故障时，为使航天员能正确进行在轨修理，可以通过 VR 技术在地面或空间站对其进行修理培训。与生活中接触的 VR 不同之处包括但不限于：航天员 VR 演练项目具有复杂性和高度专业性，而生活中接触的 VR 应用通常具有娱乐性，重在提供沉浸式的体验和乐趣。

　　（2）试分析上面的讨论使用了哪些具体的 VR 技术？例如虚拟视景生成技术、三维图像处理与显示技术等，另外，建立逼真的载人航天器模拟舱的虚拟环境需要有非常高的图像生成速度。

3. 分析自动驾驶领域中的强化学习技术是否可用于航天器

　　以神舟十二号飞船的任务与中国空间站对接为例，为了进一步接近空间站，神舟十二号需要在中途变轨，实现对接。这个过程中会应用到遥感、自动控制、火箭姿态调整等技术。从火箭升空到完成对接，神舟十二号用时约 6.5 小时，神舟十二号就像是有着全自动驾驶功能的"超跑"。

强化学习是近些年人工智能领域的重要研究方向，用于描述和解决智能体在与环境的交互过程中通过学习策略以达成回报最大化或实现特定目标的问题。强化学习已应用于自动驾驶领域中，实现了轨迹优化、运动规划、动态路径、最优控制等任务。

（1）试分析航天器对接与自动驾驶的不同。例如一个显著的不同在于，航天器对接是在大尺度的太空环境中进行的，地球上的自动驾驶是在小尺度的活动空间中进行的。

（2）请讨论强化学习是否可以应用于航天器对接任务？提示：强化学习在处理复杂环境下的决策问题上有优势，可以通过与环境的交互来学习最优策略，有应用在航天器对接任务中的潜力。

4. 分析中国探月工程的不同阶段使用的信息技术有何变化

中国探月工程第一阶段是实现对月球的无人飞行器探测，具体分为"绕、落、回"三步。第二阶段是实现载人登月，中国人踏上月球。第三阶段则是要建立月球基地。请结合本模块新一代信息技术的内容，畅想一下每个阶段主要使用的信息技术将有什么变化，对信息技术的可靠性和复杂性有哪些要求？例如载人登月相比无人飞行器探测需要为宇航员提供氧气供应等生命保障系统，这些系统必须高度可靠。载人登月会应用到更多人机交互技术，信息技术的复杂性会进一步增加，而无人飞行器探测可以更侧重于自动化控制和预先设置的任务。

5.2.2　任务：体验太空中的量子科技

量子技术与卫星的结合不仅听起来大胆、富有想象力，而且应用前景十分广阔。不仅中国，世界上许多其他国家也都跃跃欲试，特别是在中国的"墨子号"量子科学实验卫星发射成功以后，近年来陆续有日本、新加坡、加拿大等国家实施量子卫星研制计划或者开展相关实验的报道，太空中的量子通信实验和相关计划进展呈现加速态势。

【任务描述】

本任务的主要内容是分析量子通信技术和量子计算技术是如何应用于太空领域的，要求完成以下任务。

（1）分析量子通信技术怎样应用于太空领域。

（2）分析量子计算机的计算原理与应用。

【示例演练】

本任务涉及量子技术在太空领域的应用，为了更好地完成本任务，在开始任务前，请扫描二维码，查看电子活页中的内容，了解我国发射的世界首颗量子科学实验卫星"墨子号"，探寻量子的奇妙世界。

电子活页 5-6

探秘"墨子号"

【任务实现】

1. 分析量子通信技术怎样应用于太空领域

当太空旅行飞船与地球之间的距离过远，会使发送照片或视频等信息变得困难，这将导致发送信息和接收信息之间存在时间延迟。量子技术（以量子物理学为原理的技术），可以使空间通信更容易、更快捷，能更快、更有效地发送高清照片和视频。从另一个角度讲，宇航员可以更快地与地球上的专家进行交流，能更方便地扩大太空探索的范围。

（1）试分析为什么量子通信可以应用于太空领域？其中一个原因是量子通信通常采用的单光子量子信息不能像经典通信那样被放大，若使用光纤等传统方式进行传输会产生损耗问题，而外太空具有几乎真空、光信号损耗非常小的特点，通过卫星的辅助可以大大扩展量子通信的距离。

（2）试分析量子通信太空应用的主要技术有哪些？例如量子密钥分发、量子隐形传态、量子安全直接通信、量子秘密共享等。

（3）试分析量子通信应用于太空技术发展的主要难点在哪里？例如一个较大的难点在于如何实现天地一体化的量子连通，这就像在万米高空，往地面的一个存钱罐里扔硬币，要准确地将硬币投掷于存钱罐的狭小入口内，若出现一点偏差，信息传递便会功亏一篑。

2. 分析量子计算的计算原理与应用

量子计算与量子通信同属量子物理与信息学结合发展起来的新学科。量子计算将有可能使计算机的计算能力远远超过目前的计算机。理论上，拥有 50 个量子比特的量子计算机性能就能超过基于集成电路技术的超级计算机"天河二号"，拥有 300 个量子比特的量子计算机就能支持比宇宙中原子数量更多的并行计算，量子计算机能够将某些经典计算机需要数万年来处理的复杂问题的运行时间缩短至几秒钟。

（1）试分析为什么量子计算的速度快？提示：在经典计算机中，计算是基于二进制位（比特）的，每个比特只能表示 0 或 1，而量子比特里存储的信息可以既是 0 又是 1，因此一个量子比特可以同时表示 1 和 0 两个数，两个量子比特可以同时表示 0、1、2、3 四个数，n 个量子比特则可以同时表示 2^n 个数。随着 n 的增加，其表示信息的能力将以指数级增长，量子计算的一个很大优势在于，只要增加一个量子比特，其计算速度和存储状态都是指数级增长。

（2）试用自己的话来解释量子计算的原理？可参考上一问题的提示和 5.2.3 小节中第 4 部分有关量子计算技术的知识讲解进行概括。

（3）试分析量子计算未来的应用有哪些？提示：对于一些普通的线性计算问题，量子计算机体现不出相对经典计算机的碾压优势，量子计算机的优势在于并行计算，在一些涉及"概率、可能性、随机"的问题上有巨大的优势，有望在材料、制药、数学、人工智能等领域解决遇到的难点问题。

5.2.3　知识讲解

1. 人工智能技术

人工智能（Artificial Intelligence，AI）技术是计算机科学的一个分支，20 世纪 70 年代以来被称为世界三大尖端技术（空间技术、能源技术、人工智能）之一，也被认为是 21 世纪三大尖端技术（基因工程、纳米科学、人工智能）之一。近三十年来它获得了迅速的发展，在很多学科、领域都获得了广泛应用，并取得了丰硕的成果，人工智能技术已逐步成为一个独立的分支，在理论和实践上都已自成系统。

人工智能技术是研究使用计算机来模拟人的某些思维过程和智能行为（如学习、推理、思考、规划等）的学科，主要包括计算机实现智能的原理、制造具备类似于人脑智能的计算机，使计算机能实现更高层次的应用。人工智能技术涉及的范围，几乎涵盖自然科学和社会科学的所有学科，其范围已远远超出了计算机科学的范畴。人工智能技术与思维科学的关系是实践和理论的关系，人工智能技术是处于思维科学的技术应用层次，是它的一个应用分支。从思维观点看，人工智能技术不仅仅限于逻辑思维，还要考虑形象思维、灵感思维才能促进人工智能技术的突破性的发展。

人工智能技术试图生产出一种新的能以人类智能相似的方式做出反应的智能机器，该领域的研究包括机器人、语言识别、图像识别、自然语言处理等。人工智能技术从诞生以来，理论和技术日益成熟，应用领域也不断扩大，可以设想，未来人工智能技术带来的科技产品，将会是人类智慧的"容器"。

人工智能技术的研究是具有高度技术性和专业性的，各分支领域都是深入且各不相同的，因而涉及范围极广。人工智能学科研究的主要内容包括知识表示、自动推理、智能搜索、机器学习、知识处理系统、自然语言处理等方面，主要应用领域有智能控制、专家系统、语言和图像理解、遗传编程机器人、自动程序设计等。

（1）知识表示。

知识表示是人工智能技术研究的基本问题之一，推理和搜索都与知识表示方法密切相关。常用的知识表示方法有逻辑表示法、产生式表示法、语义网络表示法和框架表示法等。

（2）自动推理。

自动推理是人工智能技术研究中历史最悠久的领域之一。问题求解中的自动推理是知识的使用过程，由于知识有多种表示方法，相应的有多种推理方法。推理过程一般可分为演绎推理和非演绎推理。谓词逻辑是演绎推理的基础，结构化表示下的继承性能推理是非演绎性的推理。由于知识处理的需要，近几年来研究人员还提出了多种非演绎性的推理方法，如连接机制推理、类比推理、基于示例的推理、反绎推理和受限推理等。

（3）智能搜索。

智能搜索是人工智能技术的一种问题求解方法，搜索策略决定着问题求解的推理步骤中，知识被使用的优先关系。智能搜索可分为无信息导引的盲目搜索和利用经验知识导引的启发式搜索。启发式知识在启发式搜索中起关键作用。启发式知识常由启发式函数来表示，启发式知识利用得越充分，求解问题的搜索空间就越小。典型的启发式搜索方法有 A*、AO*算法等。近几年搜索方法的研究开始注意那些具有百万节点的超大规模的搜索问题。

（4）机器学习。

机器学习是人工智能技术的一个重要课题。机器学习是指在一定的知识表示意义下获取新知识的过程，按照学习机制的不同，主要有归纳学习、分析学习、连接机制学习和遗传学习等。

（5）知识处理系统。

知识处理系统主要由知识库和推理机组成。知识库存储系统所需要的知识，当知识量较大而又有多种表示方法时，知识的合理组织与管理是必要的。推理机是用来在问题求解时，规定使用知识的基本方法和策略。如果在知识库中存储的是某一领域（如医疗诊断）的专家知识，则该知识系统被称为专家系统。为适应复杂问题的求解需要，单一的专家系统逐渐向多主体的分布式人工智能系统发展，知识共享、主体间的协作、矛盾的出现和处理将是今后研究的关键问题。

人类由于具有丰富的知识，所以才能使用最优方法解决问题。计算机程序如果能学习和应用这些知识，也应该能解决人类专家所解决的问题，而且能帮助人类专家发现推理过程中出现的差错。近年来，在"专家系统"或"知识工程"的研究中已出现了成功有效应用人工智能技术的例子。

（6）自然语言处理。

自然语言处理是人工智能技术应用于实际领域的典型范例，经过多年努力，这一领域已获得了大量令人瞩目的成果。目前该领域的主要研究计算机系统如何以主题和对话情境为基础，理解、处理和生成自然语言，这是一个极其复杂的编码和解码问题。

近年来人工智能技术迅速融入经济、社会、生活等各行各业，将发挥更大的作用，支付、结算、保险、个人财富管理、仓库选址、智能调度等众多方面已经开始与人工智能技术融合，人工智能技术的未来发展趋势将更为广阔。

2. VR 技术

虚拟现实技术是 20 世纪发展起来的一项全新的实用技术。虚拟现实技术包括计算机、电子信息、仿真等技术，其基本实现方式是计算机模拟现实环境从而给人带来环境沉浸感。随着社会生产力和科学技术的不断发展，各行各业对 VR 技术的需求日益旺盛，VR 技术也取得了巨大进步，并逐步成为一个新的科学技术领域。

VR 技术是交叉技术的前沿学科，在目前的研究和实践中利用 VR 技术能够模拟现实环境，并通过感知设备经计算机生成实时动态的三维立体逼真图像，让使用者感觉身临其境。除了视觉之外，还包括听觉、触觉、嗅觉以及运动感知。计算机能够处理使用者的相应动作，并将相关数据反馈到用户的五官。

VR 技术主要采用的是多技术融合方式，包括三维计算机图形技术、广角立体显示技术等，这些技术都以计算机生成图形图像模型为主要目标。VR 技术使这些模型在不同光照的条件下，呈现出精确的图像。在 VR 的技术系统中，人双眼的立体视觉能够起到很大的作用，使用者两只眼睛看到的图像是分别产生的，采用的是不同的显示器，使用者一旦戴上 VR 眼镜后，眼睛看到的图像就产生了立体感，根据人双眼位置的不同，使用者可在图像中由远及近获得不同的信息。请扫描二维码，查看电子活页内容，了解 VR 技术的应用。

电子活页 5-7

VR 技术的应用

VR 涉及学科众多、应用领域广泛、系统种类繁杂，这是由其研究对象、研究目标和应用需求决定的，VR 技术有以下特征。

（1）沉浸性。

沉浸性是 VR 技术主要的特征。沉浸性指让用户感受到自己是计算机系统所创造的环境中的一部分。VR 技术的沉浸性取决于用户的感知系统，当使用者感知到虚拟世界的刺激时，包括触觉、味觉、嗅觉、运动感知等，便会产生心理沉浸感，感觉如同进入另一个真实世界。

（2）交互性。

交互性是指用户对虚拟空间内物体的可操作并且可以从虚拟环境得到反馈。在虚拟空间中，当使用者进行某种操作时，周围的环境也会做出某种反应，如果使用者接触到虚拟空间中的物体，使用者手上能够感受到。如果使用者对物体有所动作，物体的位置和状态也会相应发生改变。

（3）多感知性。

多感知性表示 VR 技术拥有很多感知方式，比如听觉、触觉、嗅觉等。理想的 VR 技术应该具有一切人类所具有的感知功能。由于相关技术，特别是传感技术的限制，目前大多数 VR 技术所具备的感知功能有限仅有视觉、听觉、触觉、运动感知等。

（4）构想性。

构想性也称想象性，使用者在虚拟空间中，可以与周围物体进行互动，可以拓宽认知范围，创造客观世界不存在的场景或不可能发生的环境。构想可以理解为使用者进入虚拟空间，根据自己的感觉与认知能力吸纳知识，发散思维，创造新的概念和环境。

（5）自主性。

自主性是指虚拟环境中物体能依据物理定律做出相应动作。航空航天是一项耗资巨大、非常复杂的工程，我们可以利用 VR 技术和计算机的统计模拟，在虚拟空间中重现现实中的航天飞机与飞行环境，使飞行员在虚拟空间中能够进行飞行训练和实验操作，极大地降低了实验经费和危险程度。

3. 量子通信技术

量子通信是指利用量子纠缠效应进行信息传递的一种新型的通信方式，是 21 世纪发展起来的新型交叉学科，是量子理论和信息论相结合的新的研究领域。

量子通信并没有一个非常严格的标准。在物理学中可以将其看作是通过量子效应能够实现高性能的通信。而在信息学中，量子通信是通过量子力学原理中特有的属性，来完成相应的信息传递工作。当量子态在不被破坏的情况下，传输信息的过程中是不会被窃听，也不会被复制的，所以在这种情况下它是绝对安全的。

量子通信技术主要分为量子隐形传态和量子密钥分发两种。量子通信可将某信息的量子态安全传递到另外一个地方从而实现信息传递（量子隐形传态），或利用"不可分割、不可复制"的量子作为密钥实现点对点安全通信（量子密钥分发），为经典通信增加一把量子密码锁，保障信息安全传递。

量子密钥分发，也称量子密码，借助量子叠加态的传输测量实现通信双方安全的量子密钥共享，再通过一次对称加密体制，即通信双方均使用与明文等长的密码进行逐比特加解密操作，就可实现无条件绝对安全的保密通信。量子密钥分发根据所利用量子状态特性的不同，可以分为基于测量和基于纠缠态两种。基于纠缠态的量子通信在传递信息的时候利用了量子纠缠效应。

量子通信与传统通信技术相比，具有如下主要特点和优势。

（1）时效性高。量子通信的线路时延相比传统通信小，量子信道的信息效率相对于经典信道的信息效率高几十倍，传输速度非常快。

（2）抗干扰性能强。量子通信中的信息传输不通过传统信道，与通信双方之间的传播媒介无关，不受空间环境的影响，具有良好的抗干扰性能。

（3）保密性能好。根据量子不可克隆定理，量子信息一经检测就会产生不可还原的改变，如果量子信息在传输中途被窃取，接收者必定能发现。

（4）隐蔽性能好。量子通信可以降低第三方进行无线监听或探测的风险。

（5）应用广泛。量子通信与传播媒介无关，传输不会被任何障碍阻隔，量子隐形传态通信还能穿越大气层。因此，量子通信应用广泛，既可在海底通信，又可在太空中通信，还可在光纤等介质通信。量子通信技术发展成熟后，可以广泛地应用于军事保密通信及政府机关、军工企业、金融、科研院所和其他需要高保密通信的场合。

4. 量子计算技术

量子计算是一种遵循量子力学规律，调控量子信息单元进行计算的新型计算模式。传统的通用计算机理论模型是通用图灵机，而通用的量子计算机理论模型是用量子力学规律重新诠释的通用图灵机。从可计算的问题来看，目前量子计算机只能解决传统计算机所能解决的问题，但是从计算的效率来看，由于量子力学叠加性的存在，某些已知的量子算法在处理问题时速度要远快于传统的通用计算机。

量子计算主要有两种方法。一种方法是量子模拟技术，通过初始化量子系统状态，再运用汉密尔顿的直接控制方式来推进量子态演化，由此得到一个高概率的问题答案，进而得到预期结果。汉密尔顿通常是平滑形的，因此量子计算实质上是真正的模拟计算，且不能完全纠正误差。另一种方法是量子门模型，主要是将问题分解为一系列基本的"原始运算"或"门"，对于特定的输入状态会得到一个明确的数据测量结果，这种数据特性意味着这些设计类型能够以系统级的纠错来达成容错目的。当前，主要的量子计算机有模拟量子计算机、基于噪声的中等规模量子计算机、基于门的量子计算机，以及基于门的全纠错量子计算机。

量子叠加和量子纠缠的特性如果运用于量子计算机，可以大大增强量子计算机的内存和运算效率，因为量子计算机的算力是指数级增长的，问题越复杂，量子计算机的优势就越大，未来在分析和模拟领域将大有可为。如果破解当前的密码体系，经典计算机需要运算几百年，但是量子计算机只需要几十秒。然而量子计算的特点不止于此，它还包括以下4个特点。

（1）节省时间。

首先量子计算机处理数据不像传统计算机那样分步进行，而是同时完成，这样可以节省不少时间，适于大规模的数据计算。传统计算机随着处理数据位数的增加，所面临的困难也随之线性增加。

（2）体积小，集成率高。

随着信息产业的高速发展，所有的电子器件都在朝着小型化和高集成化方向发展，而作为传统计算机物质基础的半导体芯片由于受晶体管和芯片等材料的限制，体积减小是有限度的。而每个量子元件尺寸都在原子尺度，由它们构成的量子计算机不仅运算速度快、存储量大、功耗低，体积也会大大缩小。

（3）发生故障时的自我处理能力强。

当量子计算机系统的某部分发生故障时，输入的原始数据会自动绕过故障部分，进入系统的正确部分开始运算。

（4）不确定性。

关于量子计算机的另一个特点是它具有概率性，这意味着它会返回多个答案，其中一些可能是正在寻找的答案，一些可能不是。这听起来像是一件坏事，作为一台计算机，当你问它同样的问题，会返回不同的答案。但是，在量子计算机中，这种多个答案的返回可以为我们提供有关计算机置信度的重要信息。对于图像识别中的苹果图片识别问题，我们向计算机展示图像并问它 100 次，它给出答案返回 100 次"苹果"，那么我们对计算机的识别结果非常有信心，并且得到结论：图像就是苹果。但是，如果答案是返回 50 次"苹果"，50 次"覆盆子"，这意味着计算机并不确定图像是什么。

5.3 小结

本模块通过对可穿戴设备及中国航天发展案例介绍，引入了目前前沿的信息技术：AR、云计算、物联网、深度学习、区块链、大数据分析、人工智能、VR、量子通信及量子计算技术，重点帮助读者了解新一代信息技术的概念、特点及应用。在了解新信息技术的基础上，培养读者发现问题、分析问题、解决问题的能力，做信息时代的先行者。

5.4 习题

一、单选题

1. AR 技术中的三维注册是指（　　）。
   A. 将虚拟信息与现实场景信息进行对位匹配
   B. 实时更新用户在现实环境中的空间位置变化数据
   C. 通过摄像头和传感器进行数据采集和重构
   D. 利用传感器采集控制信号实现人机交互

2. 云计算是一种基于（　　）技术的计算资源交付模型。
   A. 人工智能　　　　B. 物联网　　　　C. 互联网　　　　D. 区块链

3. 在物联网中，以下（　　）技术可以让物品进行自动识别和信息的互联与共享。
   A. RFID　　　　　　　　　　　B. 无线数据通信
   C. 二维码　　　　　　　　　　　D. 传感器

4. 深度学习是机器学习中的一个新的研究方向，其最初的研究目标是（　　）。
   A. 人工智能　　　　B. 特征工程　　　　C. 数据挖掘　　　　D. 语音识别

5. 深度学习与机器学习的关系是（　　）。
   A. 深度学习是机器学习的一种
   B. 机器学习是深度学习的一种
   C. 深度学习就是机器学习
   D. 两者没有关联

6. 下列选项中哪项不是大数据时代科学研究的方法？（　　）
   A. 抽样调查
   B. 实时数据监测
   C. 跟踪研究对象在互联网上产生的海量行为数据
   D. 数据分析挖掘

7. 三段论（例如铁是金属，金属能导电，铁能导电）属于哪种人工智能知识推理方法？（　　）
   A. 归纳推理　　　　B. 演绎推理　　　　C. 示例推理　　　　D. 类比推理

8. 下列关于人工智能中的智能搜索方法说法错误的是（　　　）。

    A. 无信息导引的搜索属于盲目搜索

    B. 利用经验知识导引的搜索属于启发式搜索

    C. 利用启发式知识可以使求解问题的搜索空间变大

    D. A*算法是典型的启发式搜索算法

9. 区块链即服务的简称是（　　　）。

    A. SaaS   B. PaaS   C. IaaS   D. BaaS

10. 关于机器学习中的特征选取，下列说法错误的是（　　　）。

    A. 特征的好坏对泛化性能没有影响

    B. 特征数量过少容易出现欠拟合

    C. 特征过于丰富容易出现过拟合

    D. 过拟合的模型泛化性能较差，因为它无法适应未见过的数据

二、多选题

1. 以下哪些是区块链的技术特点？（　　　）

    A. 去中心化   B. 可篡改性   C. 不可伪造性   D. 匿名性

2. 量子计算机的特点包括（　　　）。

    A. 并行计算能力   B. 模拟计算能力   C. 抗干扰性能强   D. 隐蔽性能好

3. 深度学习常用于处理哪些类型的数据？（　　　）

    A. 图像   B. 声音   C. 文本   D. 视频

4. 从技术角度看，区块链是（　　　）。

    A. 分布式数据库   B. 集中式数据库   C. 中心化的   D. 去中心化的

5. 区块链中区块的头部需要保存哪些信息？（　　　）

    A. Merkle 树   B. Merkle 树的根节点

    C. 时间戳   D. 前一个区块的 Hash 指针

6. 国内常用的云服务包括（　　　）。

    A. AWS   B. 腾讯云   C. 阿里云   D. 华为云

7. 下列选项中哪些是机器学习、深度学习使用的技术和方法？（　　　）

    A. 人工神经网络   B. 生物神经网络   C. 卷积神经网络   D. 自编码神经网络

8. 以下哪些是云计算使用到的技术（　　　）。

    A. 实体化   B. 虚拟化   C. 负载均衡   D. 集中式计算

9. 下列选项中哪些是量子通信的特点？（　　　）

    A. 时效性高

    B. 抗干扰能力强

    C. 量子信息在传输中途容易被窃取

    D. 可在海底通信

10. 下列有关人工智能知识表示的说法正确的是（　　　）。

    A. 知识表示是人工智能研究的基本问题之一

    B. 知识表示方法的选择对知识推理不会产生影响

    C. 语义网络表示法是常用的知识表示方法

    D. 人工智能的知识表示方法可以模仿人脑的知识存储结构，心理学家对知识表示方法的研究做出了重要的贡献

三、简答题

1. 新信息技术并不是孤立存在的，各种技术之间存在着千丝万缕的联系，比如量子计算机的研发会对区块链技术产生巨大的冲击，谈谈你的理解（提示：可以从区块链加密的角度进行阐述）。试讨论量子计算还会对本模块提到的其他新信息技术产生怎样的影响？

2. 浅谈你对 AR/VR、云计算、物联网、深度学习、区块链、大数据分析、人工智能、量子通信及量子计算技术中任一技术的理解，除了本模块提到的项目，你还可以提出其在哪些方面的应用？

3. 推动经济社会发展绿色化、低碳化是实现高质量发展的关键环节。我国正在加快发展方式绿色转型，推动形成绿色低碳的生产方式和生活方式。请讨论在能源、电力、交通、通信、建筑等生产领域都有哪些与信息技术相关的绿色转型，并描述有哪些信息技术推动了你在日常生活中实施绿色低碳的生活方式？

模块六

信息素养与社会责任——让规范成为习惯

06

在信息时代，网络如同水、电、燃气一样成为人们生活中的必需品。各类电子设备即开即用，无时不在、无处不在，我们可以随时获得信息。作为新一代"数字时代土著"，我们不仅是信息的消费者，更要成为信息的创新者。信息素养是全球信息化条件下我们需要具备的一种基本能力。数字化是当今人类社会发展进步的新特征，这要求我们能够在数字化环境中理解人与人、信息技术与社会的关系，具备创新解决问题的能力，同时也要增强数据隐私、数据安全的意识。我们应具备信息伦理意识，让规范成为习惯，从而自信、自立、自尊、自强地面对数据驱动、知识创新的国际化竞争，不断提高信息胜任力，成为信息时代的建设者。

项目 6.1　信息时代——让信息素养强起来

计算机和网络技术的飞速发展引发了信息技术革命，在这个过程中，一批知名创新型信息技术企业，例如腾讯、小米、华为、阿里巴巴等通过开发信息工具，推动信息获取，实现高效的信息处理，并通过信息协作促进工作和业务协同，持续发挥信息效益，由初创走向成功，快速成长为世界 500 强企业。

6.1.1　任务：分析服务 10 亿用户的腾讯的发展简史

信息素养在当今数字化时代具有重要意义，而腾讯作为一家引领科技创新的企业，其发展历程也体现了信息素养的核心价值。本任务将探索腾讯的发展历程，了解他们在发展过程中所面临的问题及解决方法。通过了解腾讯的成功经验，我们不仅能获得启示，更能体会到大国工匠的精神力量。这些经验将激励我们在信息化时代更好地成长与发展。

【任务描述】

本任务的主要内容是通过了解企业在信息时代发展中的选择，厘清其从生意到生态发展的脉络，把握其开发优秀产品的思路。本小节要求完成以下任务。

（1）了解腾讯的发展历程。

（2）了解腾讯在发展过程中遇到的问题并讨论腾讯是如何解决这些问题的。

（3）思考腾讯成功的启示。

电子活页 6-1

体验腾讯产品

视频 6-1

分析服务 10 亿用户的腾讯的发展简史

【示例演练】

本任务中我们将会了解腾讯公司的发展历程、遇到的问题以及解决办法，并从中体会信息素养和工匠精神的内涵。在开始任务前，请扫描二维码，查看电子活页中的内容，体验在平时生活中经常使用的腾讯产品。

【任务实现】

1. 了解腾讯的发展历程

腾讯作为中国领先的科技公司，在信息时代的成长过程中经历了许多关键选择，展现出了其独特的发展脉络。腾讯从即时通信服务起步，逐渐扩展业务领域，形成了多元化的业务生态系统。腾讯在互联网飞速演进过程中，通过在商业模式、赛道选择、企业经营和管理上的正确决策，迅速成长为在全球有巨大影响力的企业，而这个过程可以分为螺旋式上升的四个阶段。

第一阶段，乘风起航。腾讯的创始人以 QQ 为核心产品，围绕这个产品构建了腾讯其他产业并发掘了腾讯的商业价值。QQ 在发布初期解决了当时的社交痛点：当时寻呼机价格较贵，而且要在收到信息后再找电话回复很不方便。QQ 就如同网络寻呼机，可以异步给对方留言发消息。后期腾讯在这个基础上继续开发了其他增值服务，如 QQ 秀等，腾讯因此成为中国主流互联网领域第一家实现盈利的企业。这个阶段的成功体现了从用户思维角度开发产品的要求——越简单越轻松，满足用户利益最大化。

第二阶段，笃定前行。腾讯上市后确定了一站式在线生活战略，开始了类似于八爪鱼式的扩张，布局了门户、游戏、电商、搜索等多个领域，还布局了若干工具软件的开发与运营。很多企业在探索多元业务之后，短期不成功或者中期不成功就放弃了，而腾讯坚持大多数业务持续迭代，在运营中做好产品最终获得了行业领先地位。

第三阶段，精品战略。随着移动互联网时代的到来，腾讯在开发产品时特别强调用户体验，在产品侧对用户需求点进行把握，实现从点对点到点对群的层层转化。腾讯创新的核心产品是微信，在微信创新的基础上又扩充了支付、社交广告、游戏等业务，这些业务带来了新的商业模式和增长点。

第四阶段，生态开放。腾讯从原有的平台型企业逐步转型为生态型企业，在产业生态中广泛布局，助力了一大批关注云原生应用、人工智能、区块链等技术的创新型企业的成长。此外，在前沿领域开始布局，包括芯片、新基建、新流量、视频号等，提出了"科技向善"的互联网企业价值观，与社会实现共赢。

电子活页 6-2

腾讯研究院介绍

如果对腾讯发展历程感兴趣，可以阅读《腾讯传——中国互联网公司进化论》，进一步详细了解腾讯的发展历程。请扫描二维码，查看电子活页，了解腾讯研究院。

2. 了解腾讯在发展过程中遇到的问题并讨论腾讯是如何解决这些问题的

通过不断创新和精益求精，腾讯成功推出了一系列备受欢迎的产品，如 QQ、微信、腾讯视频等，这些产品成为人们生活中不可或缺的一部分。然而，腾讯在发展过程中也面临了一些挑战和问题。例如，随着公司的发展壮大，面临着内在增速压力与外部巨头竞争压力；随着用户规模的扩大和业务范围的增加，面临着信息安全和用户隐私保护的责任；随着公司的影响力和社会地位不断提升，面临着更多的社会责任和公众关注。为了解决这些问题，腾讯积极加强技术研发和安全管理，持续创新和多元化发展，加强合规管理和社会责任意识，保持业务稳定发展，并树立良好的企业形象。

以上仅列举了几个典型问题，使用模块四中介绍的方法在百度中搜索关键词"腾讯"和"问题"，根据搜索结果总结腾讯发展过程中存在的问题还有哪些，并讨论腾讯是如何解决这些问题的。

3. 思考腾讯成功的启示

腾讯的成功来自于对用户需求的敏锐洞察的能力和持续创新的精神。腾讯不仅在技术上不断突破，还注重帮助员工树立正确的职业理念。腾讯鼓励员工追求个人成长，并致力于将企业的发展与个人的成长紧密结合，为员工提供发展空间和职业机会。

我们可以从腾讯的发展历程中得到启示，我们应当树立敬业、精业、乐业、立业的职业理念，将个人的成长与企业的发展紧密结合，不断提高信息素养，迎接信息时代带来的挑战与机遇。

6.1.2 任务：认知自主可控的阿里城市大脑

当前信息技术应用创新产业包含了从 IT 底层的基础软硬件到上层的应用软件全产业链。为了解决核心技术"卡脖子"的问题，阿里巴巴集团较早提出"去 IOE"战略（"去 IOE"，是指去"IBM、Oracle、EMC"，三者均为海外 IT 巨头，其中 IBM 代表硬件以及整体解决方案服务商、Oracle 代表数据库、EMC 代表数据存储）。"去 IOE"战略更广泛的理解是对一些核心领域（如金融、电信、能源等领域）要求其 IT 系统及设备做到自主可控，开发自主技术和提高云计算服务能力。

2016 年阿里提出"城市大脑"的概念。"城市大脑"是基于云计算、大数据、人工智能、物联网等新一代信息技术构建的支撑城市可持续发展的全新基础设施，有利于推动城市治理、安全保障、产业发展、公共服务等各领域的数字化转型升级，提高城市治理水平，实现治理能力的科学化、精细化和智能化。设想一下开车和过马路不用等红灯、公交不用排队入站，乘公交、地铁、火车无须等待可以直接上车，并且一路畅通无阻，最后安全到达目的地，这样的体验如何呢？

【任务描述】

本任务的主要内容是认识阿里城市大脑在城市交通中的应用，要求完成以下任务。
（1）思考城市交通管理中哪些领域需要自主可控的能力，如何将各种交通信息整合到一起。
（2）分析在学校周边如何实现更优的交通调节能力。
（3）思考如何提高交通安全管理水平。
（4）思考如何利用先进技术为公众提供信息服务与交通诱导。

电子活页 6-3

体验阿里产品

【示例演练】

本任务中我们将会深入了解和思考阿里巴巴的阿里城市大脑在城市交通这一专业领域中的应用，在任务开始之前，请扫描二维码，查看电子活页中的内容，体验生活中常用的阿里产品。

【任务实现】

1. 思考城市交通管理中哪些领域需要自主可控，如何将各种交通信息整合到一起

以阿里城市大脑的城市交通治理解决方案为例，如图 6-1 所示，理解如何通过整合城市交通检测器、浮动车、视频、信令等全量交通数据，进行线上线下多源数据融合，打造统一的路网中心，精准刻画城市交通流，建立科学精准的交通评价体系。该方案使用基于数据驱动和人工智能的云计算技术构建大数据时代的城市智能交通系统，建立通行效率、违法稽查、重点人车等多维智能研判情报体系，通过平台进行统一指挥和调度，提高城市交通服务的承载力和运行效率，改善城市运行环境，提升整个城市交通管理服务的智能化水平。

图 6-1　城市交通治理解决方案

　　结合国家相关政策和规划，讨论如何利用多种手段将调查、分析获取到的所有信息整合到一起，并对信息进行统一的评价，最后形成评价指标、事件预警和成因分析的交通模型。可参考图6-2所示的交通全网模型。

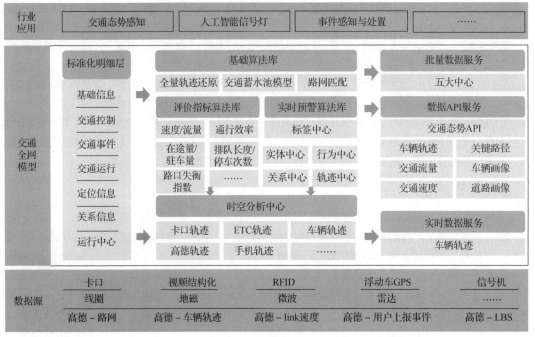

图6-2　交通全网模型

2. 分析在学校周边如何实现更优的交通调节

　　为优化交通控制，结合自己出行的体会和需求，分析在学校周边如何通过生成优化信号、路径规划、交通诱导等控制策略，有效发挥信号灯、诱导屏、地图导航等交通调节能力，从而提高通行效率、降低交通流冲突、提升驾驶安全，最终实现对道路空间的有效利用、提高车辆承载率、增强交通供给能力、提升驾驶安全。可参考图6-3所示的交通组织优化示意图。

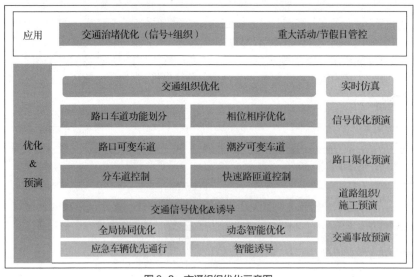

图6-3　交通组织优化示意图

3. 思考如何提高交通安全管理水平

提高交通安全管理水平，重点涉及对人、车、路多维度源头管控，可采用"定人、定车、定时、定道、定路、定速"六定的思路，可参考图6-4所示的重点人车管理示意图。

图6-4　重点人车管理示意图

4. 思考如何利用先进技术为公众提供信息服务

在交通资源受空间限制的情况下，观察学校周边的堵点，了解国家政府机构"放管服"改革，从便捷服务的角度思考如何利用实名认证、快捷支付、风险控制等多项先进技术，为广大驾驶员用户提供车辆违章查询、处理、缴费和机动车年检、违法随手拍、一键挪车等多项交警相关服务。可参考图6-5所示的信息服务示意图。

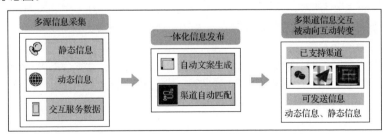

图6-5　信息服务示意图

6.1.3　知识讲解

1. 信息素养的基本概念

有信息素养的人应该懂得如何在信息社会完成终身学习。一个具备信息素养的人，能够判断什么时候需要信息，并且懂得如何去获取信息、如何去评价和有效利用所需的信息。

视频 6-2

认知信息素养

（1）信息素养是一种基本能力。

智能时代，无时无刻都可以学习。越来越多的人通过联结式的、人机协同的智能化方式进行学习。信息素养是能力素质的一个方面，它涉及信息意识、信息能力和信息的应用。

（2）信息素养是一种综合能力。

信息素养涉及各方面的知识，是一种特殊的、涵盖面很宽的能力，它包含人文、科技、经济、法律等诸多方面，和许多学科有着紧密的联系。信息技术支持信息素养，强调对技术的理解、认识和使用。

2. 信息素养的主要内容

信息素养是一个内容丰富的概念，它不仅包括利用信息工具和信息资源的能力，还包括识别、选择、获取、加工、处理、传递并创造信息的能力。

信息素养包括关于信息和信息技术的基本知识和基本技能，运用信息技术进行学习、合作、交流和解决问题的能力，以及获取信息的意识和社会伦理道德。具体而言，信息素养应包含以下 5 个方面的内容。

（1）热爱生活，有获取新信息的意愿，能够主动地从生活实践中不断地查找、探索新信息。

（2）具有基本的科学和文化常识，能够较为自如地对获得的信息进行辨别和分析，正确地加以评估。

（3）可灵活地支配信息，较好地掌握选择信息的技能。

（4）能够有效地利用信息，表达个人的思想和观念，并乐意与他人分享不同的见解或资讯。

（5）无论面对何种情境，能够充满自信地运用各类信息解决问题，有较强的创新意识和进取精神。

信息素养包含 4 个要素：信息意识、信息知识、信息能力、信息道德，这 4 个要素共同构成一个不可分割的整体，其中信息意识是先导，信息知识是基础，信息能力是核心，信息道德是保证。

3. 信息素养的特点

信息素养有以下 3 个特点。

（1）信息素养具有知识性。

信息素养的知识性体现在知识互相承接的两个方面，要把无序的信息经过整理转化成能够被我们理解的有序的知识。

知识对人的信息素养的影响深浅，取决于我们知识的广度、深度和对知识的运用能力。知识的广度能够提高我们对信息的敏感程度，有利于我们从纷繁杂乱的信息中建立有机的联系。知识的深度能够提高我们对信息的筛选和跟踪能力，有利于我们从浩瀚的信息中采集到真正有用的信息。对知识的运用能力能够提高对信息的改造能力，信息只有成为知识后，信息的传播才会更加有效。

（2）信息素养具有普及性。

生活在现代社会，我们的日常生活和工作学习都离不开信息技术，我们会经常接触各种各样的信息系统，如在线修读课程、网上查找资料、网上通信等，我们遇到问题也经常想到利用信息技术去寻求答案和帮助。

（3）信息素养具有操作性。

操作性是人们在处理和运用信息时，在技术、诀窍、方法和能力等方面所表现出来的素养。信息素养的所有内容最终会表现在人们利用信息技术、操作信息系统上。

在评判一个人的信息素养时，实际操作能力的权值要比其他方面更高一些。也就是说，不是看其如何说，而是看其怎样做，只能够空泛地谈论信息技术和使用信息系统，不能视为具有较高的信息素养。如果想更好地提升对信息技术的理解和应用，可以参加一些信息技术相关的比赛。

项目 6.2 信息技术发展史——从历史中汲取智慧

近年来，信息技术产业蓬勃发展，动力强劲。本项目主要介绍诺基亚的复兴和小米公司的创业历程，探索创新是如何推动信息技术发展的。这些案例将展示企业和个人如何在变化中寻找机遇，并不懈努力地追逐技术梦想。让我们一同走近诺基亚和小米，感受信息技术变革的力量。

6.2.1 任务：了解创新是如何推动诺基亚复兴的

诺基亚作为一家经历百年沧桑的企业，在转型过程中展现了创新的力量，重新崛起于通信技术领域。本任务将深入探讨诺基亚在发展中遇到的问题，并探讨诺基亚是如何解决这些问题的，同时学习知识产权保护的重要性。

【任务描述】

本任务的主要内容是了解诺基亚转型之后集中力量发展通信技术并在此领域重新成为强者的过程，要求完成以下任务。

（1）了解诺基亚在发展过程中遇到的问题并讨论诺基亚是如何解决这些问题的。

（2）讨论诺基亚发展带来的启示。

（3）认识知识产权保护的重要性。

电子活页 6-4

体验诺基亚产品

【示例演练】

本任务中我们将探讨诺基亚发展过程中遇到的问题以及这些问题的解决过程所带来的启示，在开始任务之前，请扫描二维码，查看电子活页中的内容，体验诺基亚产品。

【任务实现】

1. 了解诺基亚在发展过程中遇到的问题并讨论诺基亚是如何解决这些问题的

诺基亚创造过辉煌也经历过衰落，在发展过程中遇到的问题总结起来包括以下两个方面。一是技术转型和市场变化，随着智能手机的兴起和移动互联网的快速发展，诺基亚的传统手机业务受到了冲击。诺基亚没有及时转型到智能手机市场，导致市场份额下降。二是缺乏创新和竞争力，诺基亚在产品创新和用户体验方面相对滞后，而且在产品设计和操作系统等方面未能跟上市场需求的变化，与竞争对手相比缺乏竞争力。

为了解决这些问题，诺基亚采取了以下措施。一是合作与收购，诺基亚与微软达成合作，采用 Windows Phone 操作系统，并收购了部分公司，以强化技术实力和产品创新能力。二是重组与战略调整，诺基亚进行了组织重组，减少成本并提高效率。他们将重点放在核心业务上，如网络设备和专利授权，剥离非核心业务。三是技术创新与研发投入，诺基亚加大了对技术创新和研发的投入，推出了一系列新产品和技术，如 5G 网络设备和数字健康产品，以提升竞争力。四是品牌转型与市场推广，诺基亚进行了品牌转型，重新塑造品牌形象，并进行了市场推广活动，以重建消费者对诺基亚的认可和信任。通过这些努力，诺基亚逐渐实现了复兴，重新夺回了一部分市场份额。

如果对诺基亚发展历程感兴趣，可以阅读《浪潮之巅》中有关诺基亚的章节，体会诺基亚发展的兴衰，进一步了解诺基亚在发展过程中遇到的问题以及诺基亚是如何解决这些问题的。

2. 讨论诺基亚发展带来的启示

运用模块四学习的检索知识，查找并分析摩托罗拉、阿尔卡特朗讯、贝尔、西门子等多家通信企业在走向辉煌的过程中是如何强化品牌优势、解决发展过程中遇到的问题的。

讨论 1："科技以人为本""无论是一大步，还是一小步，总是带动世界的脚步""探索，捕捉，分享，你的非凡人生，从这里启程"这些广告语中哪些会引起你的回忆？请查找这些广告语推广时的背景，以及该企业当时在市场上的地位。

讨论 2：如果你是诺基亚的首席技术官，你将提出怎样的建议以保障企业在智能手机领域的领先地位？提示：在当前人工智能大模型演进日新月异的情况下，作为首席技术官可以尝试让智能手机更多地融合相关技术，来理解世界，并服务用户。另外在当今万物互联的时代发展背景之下，全球各国持续推进 5G、人工智能等新型基础设施的建设，智能终端是重要载体，在金融、汽车、物流和零售等领域有广阔的发展空间，因此可以大力发展这一新领域。

3. 认识知识产权保护的重要性

诺基亚的成功转型告诉我们创新是引领发展的第一动力。知识产权是激励创新的基本保障。知识产权局正不断创新知识产权保护机制，包括深入实施"互联网+"知识产权保护，通过源头追溯、在线识别、实时监测等手段，提高保护效果。

请了解知识产权保护平台（如阿里巴巴知识产权保护平台）的原则、政策、规则、指引，并参考其中的"常见问题"，思考如果肖像权被网上店铺侵犯应该如何处理。提示：常用的知识产权保护平台中都包括肖像权在内的完善的知识产权侵权处理规则和机制。遇到此类问题，应收集所有侵权证据，并通过平台进行投诉。

6.2.2　任务：了解从创业者到奋斗者的年轻的世界 500 强企业小米

"最好的投资就是投资自己""一个人可能走得快，一群人才能走得远""方向对了，就不怕路远"——小米创始人感慨每一道伤痕都是未来的勋章。一个人或者一家企业的成功从来都不会一帆风顺，让我们一起学习年轻的世界 500 强企业小米的成长过程。

【任务描述】

本任务的主要内容是了解小米品牌与产品的定位及其在发展过程中遇到的问题与解决方法，要求完成以下任务。

（1）了解小米品牌与产品的定位。

（2）了解小米在发展过程中遇到的问题并讨论小米是如何解决这些问题的。

【示例演练】

本任务中我们将了解小米公司的定位及其发展过程中遇到的问题与解决方法，在开始任务前，请扫描二维码，查看电子活页中的内容，体验生活中常用的小米产品。

电子活页 6-5

体验小米产品

【任务实现】

1. 了解小米品牌与产品的定位

小米最初只是 10 多个人的小公司，用了不到三年时间，就出人意料成为了全球知名的智能手机厂商，而且通过生态链产品改变了 100 多个行业，以高性价比的普惠性产品，推动了智能手机的全面普及以及移动互联网的落地。小米能够成为年轻的世界 500 强企业，与自身的定位密不可分。

（1）首创出新，人无我有。小米始终注重在技术上的领先性和前瞻性，同时也擅长调动大众的好奇心，始终围绕市场需求和用户痛点开发产品。

（2）自主研发。投资超 40 家芯片企业，打造小米物联网生态实现了优势互补和技术积累。可以说小米不但生产"国民产品"，也在孵化"大国重器"。

（3）自强不息。未来小米将在很长一段时间内都保持创业状态，持续冲击市场份额，同时在人工智能物联网（Artificial Intelligence of Things，AIoT）领域也将继续实现突破和布局。

2. 了解小米在发展过程中遇到的问题并讨论小米是如何解决这些问题的

小米有成功的历程，也有一路走来遭遇的坎坷与挫折，种种应对挑战的调整和选择经验，以及失败后再重新爬起来的经历或许比"顺势创业"取得成功更有借鉴意义，请结合模块四的方法，详细了解小米在发展过程中遇到的问题，讨论小米是如何解决这些问题的。查找小米创始人的感言及 10 周年的讲话，并讨论以下两个问题。

电子活页 6-6

智能家居

讨论 1：小米 10 周年讲话中提到的"降维攻击"，在具体操作时是如何完成的？请结合自己的职业目标讨论在职场如何成为一个被需要的人？提示："降维攻击"指的是当时的手机巨头都是硬件公司，而小米用互联网模式来做手机，把软件、硬件和互联网融为一体，另辟蹊径，具体操作则是找到了一条"捷径"：当时硬件最好的是摩托罗拉，软件最好的是微软，互联网最厉害的是谷歌，把这三家公司的精英凑在一起，练成了"铁人三项"。

讨论 2：智能产品走入千家万户，让人们生活变得更加便捷，曾经遥不可及的智能家居生活不知不觉中已经在很多家庭实现了，请扫描二维码，通过电子活页了解智能家居的相关信息，通过创新企业带动国家产业链发展的过程，感受中国制造的实力，并探讨如何将个人的理想、技术的进步、国家的发展结合起来以实现职业梦想。

6.2.3　知识讲解

视频 6-3

认知计算机

1. 计算机的发展阶段

1946 年 2 月 14 日，世界上第一台通用电子数字计算机（Electronic Numerical Integrator And Calculator，ENIAC）诞生。它内部共安装了 17468 个电子管，7200 个晶体二极管，70000 个电阻，10000 个电容器和 1500 个继电器。ENIAC 是计算机发展史上的一座里程碑，也是人类计算技术历程中新的起点。

根据计算机所采用的主要电子元器件的不同，一般把计算机的发展分成 4 个阶段，习惯上称为"四代"。

（1）第一代：电子管计算机时代（从 1946 年到 20 世纪 50 年代后期）。

这一代计算机的主要特点是采用电子管作为基础器件，主存储器采用磁鼓磁条，外存储器采用纸带、卡片和磁带等。这一代计算机体积庞大、运算速度慢、可靠性差、功耗大、维护困难。

软件方面，第一代计算机最初只能使用机器语言，20 世纪 50 年代中期开始使用汇编语言。这一代计算机主要用于科学计算和军事领域。

（2）第二代：晶体管计算机时代（从 20 世纪 50 年代后期到 20 世纪 60 年代）。

随着技术进步，计算机采用的主要器件逐步由电子管改为晶体管。这一代计算机缩小了体积、减小了功耗、减轻了重量、降低了价格、提高了速度、增强了可靠性。

软件方面，第二代计算机已开始使用操作系统。这一时期出现了各种计算机高级语言（如 ALGOL 语言、Fortran 语言、COBOL 语言等），以单词、语句和数学公式代替了二进制机器码，使计算机编程更容易。这一时期计算机的应用已由科学计算扩展到数据处理及事务处理领域。

（3）第三代：集成电路计算机时代（从 20 世纪 60 年代到 20 世纪 70 年代）。

第三代计算机采用集成电路作为基本器件，功耗、体积、价格进一步下降，运算速度和可靠性相应提高。

软件方面，第三代计算机的操作系统得到发展与完善。这一时期计算机主要用于科学计算、数据处理和过程控制等方面。

（4）第四代：大规模和超大规模集成电路计算机时代（从 20 世纪 70 年代至今）。

20 世纪 70 年代初，半导体存储器问世，迅速取代了磁芯存储器，并不断向大容量、高速度发展。1971 年内含 2250 个晶体管的 Intel 4004 芯片问世，开启了现代计算机的篇章，微型计算机开始得到迅速发展，并走进社会各个领域和家庭生活。

软件方面，第四代计算机的操作系统不断发展和完善，各种高级语言和数据库管理系统也进一步发展。这一时期计算机已广泛应用于科学计算、数据处理、过程控制、计算机辅助系统以及人工智能等各个方面。

基于集成电路的计算机短期内还不会退出历史舞台，新一代计算机如超导计算机、纳米计算机、光学计算机、DNA 计算机和量子计算机等正在加紧研究，从算盘到量子计算，人类对计算速度的追求永不停止。

视频 6-4

使用计算机

2. 认知计算机硬件系统的基本组成

ENIAC 由于存储空间太小，必须通过开关和插线来部署安装计算程序，这个过程有时需要好几天。科学家研究出"存储程序通用电子计算机方案"，采用存储程序以及二进制编码等确定了计算机结构，对后来计算机的设计有决定性的影响，至今仍被电子计算机设计者遵循。现在一部普通手机中的集成电路芯片与指甲盖大小差不多。在技术持续演进的过程中，让我们了解一下哪些基本设计一直在发挥着重要的作用。

视频 6-5

理解计算机

计算机由控制器、运算器、存储器、输入设备和输出设备 5 个基本部分组成。通常把运算器、控制器和存储器合称为计算机主机。运算器、控制器安排在一个大规模集成电路块上，称为中央处理器（Central Processing Unit，CPU）。微型计算机的中央处理器习惯上称为微处理器（Microprocessor），是微型计算机的核心。

（1）控制器。

控制器主要由指令寄存器、译码器、程序计数器和操作控制器等组成。控制器用来控制计算机各部件协调工作，并使整个处理过程有条不紊地进行。它的基本功能就是从内存中取指令和执行指令，即控制器按程序计数器提供的指令地址从内存中取出该指令进行译码，然后根据该指令功能向有关部件发出控制命令，执行该指令。另外，控制器在工作过程中，还要接收各部件反馈回来的信息。

视频 6-6

知识拓展：计算机语言中常见的进制及数制的相互转换

（2）运算器。

运算器又称算术逻辑单元（Arithmetic Logic Unit，ALU），是计算机对数据进行运算和处理的部件，它的主要功能是对二进制数据进行加、减、乘、除等算术运算，以及与、或、非等基本逻辑运算和逻辑判断。运算器在控制器的控制下实现其功能，运算结果由控制器指挥送到内存储器中。

（3）存储器。

存储器分为外存储器和内存储器。外存储器（简称外存）又称辅助存储器。外存储器可分为硬盘存储器、U 盘、光盘存储器等多种类型。内存储器按功能可分为两种：只读存储器（Read Only Memory，ROM）和随机存储器（Random Access Memory，RAM）。ROM 的特点是存储的信息只能读出（取出），不能改写（存入），断电后信息不会丢失。ROM 一般用来存放专用的或固定的程序和数据。RAM 的特点是存储的信息可以读出，也可以改写，因此又称读写存储器。读取时不损坏原有的存储内容，只有写入时才修改原来所存储的内容。断电后，存储的内容会丢失。

（4）输入设备。

典型的输入设备包括键盘、鼠标等。键盘和鼠标等输入设备是用户与计算机进行交流的主要工具，是个人计算机非常重要的一部分输入设备。

（5）输出设备。

常见的输出设备包括显示器、打印机等。

更高主频的 CPU 能在更短的时钟信号周期内完成计算操作，更大的内存可以存储更多的数据、以更快的速度完成要处理的工作，此外在日常工作学习中还要注意关闭非必需的开机自启动应用、优化后台任务管理，经常清理软件缓存文件，定期给计算机除尘，这样计算机才能时刻保持流畅的运行状态。

3. 认知互联网

互联网是将全世界不同国家、不同地区的计算机通过网络互连设备连接在一起构成的一个国际性的资源网络，通常被称为"因特网"。互联网就像是在计算机与计算机之间架起的一条条信息高速公路，各种信息在上面传送，使人们得以在全世界范围内共享资源和交换信息，使得国际交往变得频繁便利，极大地缩小了地球上的时空距离，促进形成了"地球村"。在互联网时代，自由的信息交流需要人们能够方便地输入文字信息，请扫描二维码，通过电子活页了解全球化与汉字输入法的故事。

电子活页 6-7

全球化与汉字输入法的故事

（1）认知互联网服务。

互联网服务是指通过互联网为用户提供的各类服务，通过互联网服务可以进行互联网访问，获取需要的信息。Internet 服务采用传输控制协议/网际协议（Transmission Control Protocol/Internet Protocol，TCP/IP）。

（2）认知互联网地址。

为了实现互联网中不同计算机之间的通信，每台计算机都必须有一个唯一的地址，称为互联网地址。互联网地址有两种表示形式，分别为 IP 地址和域名地址。

① IP 地址

IP 地址包含 4 个字节，即 32 个二进制位。为了书写方便，通常每个字节使用一个 0～255 之间的十进制数字表示，每个十进制数字之间使用"."分隔，这种表示方法称为"点分十进制"表示方法。如"192.168.1.18"表示某个网络上某台主机的 IP 地址。

② 域名地址

域名地址是使用字符表示的互联网地址，并由域名系统（Domain Name System，DNS）将其解释成 IP 地址。例如，"www.baidu.com"表示百度的域名地址，它和 IP 地址相对应。

DNS 服务是将域名地址与 IP 地址对应的网络服务，让用户在访问网站时，不再需要输入冗长难记的 IP 地址，只需输入域名地址即可访问，因为 DNS 服务会自动将域名转换成正确的 IP 地址。

（3）认知 TCP/IP。

TCP/IP 是互联网中所使用的通信协议，它是互联网上的计算机之间进行通信所必须遵守的规则集合。其中 TCP 为传输控制协议，通过对消息传递的编号确认，提供传输层服务，负责管理数据包的传递过程，并有效地保证数据传输的正确性。IP 为网际协议，它提供网际层服务，负责将需要传输的数据分割成许多数据包，并将这些数据包发往目的地，每个数据包包含了部分要传输的数据和传送目的地的地址等重要信息。

项目 6.3　信息伦理与职业行为自律——构建和谐信息社会

教育、科技、人才是全面建设社会主义现代化国家的基础性、战略性支撑。必须坚持科技是第一生产力、人才是第一资源、创新是第一动力，深入实施科教兴国战略、人才强国战略、创新驱动发展战略，开辟发展新领域新赛道，不断塑造发展新动能新优势。

近几十年来，伴随着大数据、人工智能、区块链等新一代信息技术的发展，人类开始进入到信息化更丰富的智能时代。但在新技术带给人类智能便利的同时，信息伦理与职业行为等问题也相继出现，如个人隐私信息暴露、信息污染、恶意软件攻击等。因此加强信息伦理与职业行为自律教育尤为重要，我们要从信息需求、获取、传播、运用与管理等系列环节建立规范意识和制度，真正践行"算法善用""科技向善"理念。

6.3.1　任务：审视新时代的信息伦理

信息伦理的提出是信息社会发展的必然产物，同时也是对信息法律的补充。本任务通过探讨手机 App "越界"问题，帮助读者从中了解和掌握信息伦理核心内容，加强读者对信息伦理的认知与实践。

【任务描述】

本任务的主要内容是探讨手机 App "越界"问题以及人工智能时代下的信息伦理问题，要求完成以下任务。

（1）探讨如何有效阻止手机 App "越界"获取个人信息行为。

（2）审视与反思人工智能时代下的信息伦理问题。

电子活页 6-8　视频 6-7

清除上网痕迹　审视新时代信息伦理

【示例演练】

本任务涉及手机 App "越界"以及用户隐私保护的问题，清除上网痕迹是保护个人隐私的重要步骤，在任务开始之前，请扫描二维码，查看电子活页中的内容，掌握清除上网痕迹的操作。

【任务实现】

1. 探讨如何有效阻止手机 App "越界"获取个人信息行为

日常工作生活中，你是否经常遇到这样的"困扰"：手机时常给你推送特别"精准"的内容，让你瞬间有被窃听的"莫名恐慌"？甚至，你和朋友私下交流的聊天内容，一转眼，手机就会推送相关的内容给你。这就是"越界"获取用户信息的常见现象之一，即在手机 App 用户毫不知情的情况下窃取了用户的个人隐私。

对此，请结合信息伦理相关知识，探讨如何有效阻止手机 App "越界"获取个人信息的行为，提高基本的信息伦理素养认知，懂得信息伦理素养的重要性。例如，可以加强法律法规的监管，加强信息安全教育，手机操作系统和 App 开发团队应该更严格地限制应用程序对用户个人信息的访问权限，用户应该可以自主选择是否允许 App 获取某些敏感信息，并在使用过程中可以随时更改权限设置。

2. 审视与反思人工智能时代下的信息伦理问题

随着人工智能技术的快速发展和广泛应用，我们面临着更加复杂而深刻的伦理问题。这需要我们重新审视和反思人工智能在社会中的角色和影响，确保其发展和应用符合道德和价值观的准则。2021年9月25日，国家新一代人工智能治理专业委员会发布了《新一代人工智能伦理规范》，文件为相关技术行业企业规范提供了更加科学、具体的实施落地方案。文件特别指出人工智能各种活动应遵循六项基本伦理规范，即增进人类福祉、促进公平公正、保护隐私安全、确保可控可信、强化责任担当和提升伦理素养。

请认真学习《新一代人工智能伦理规范》文件内容，结合本小节相关知识点和内容，回忆身边最近发生的人工智能伦理日常生活事件，你是如何看待的？如果你遇到类似的场景，又会如何处理呢？例如，人工智能伦理问题在自动驾驶领域最为突出，2018 年在美国发生了全球首例行人被正在测试的自动驾驶汽车撞倒的事件，此类事件的法律责任界定问题较为复杂，5G 网络服务供应商、高精地图供应商等各模块开发人员都有可能需要承担责任。为减少此类风险，需要制定严格的安全标准和监管措施，规范自动驾驶相关行为，并且需要政府、技术开发者、公众和学术界等多方的共同努力。

6.3.2 任务：遵守信息伦理与职业操守

本任务将紧紧围绕信息伦理与职业操守主要内容，即生活情趣、职业态度、职业操守和维护核心商业利益等方面开展教学。通过"航空母舰"好习惯俱乐部示例演练，以日常学习生活小习惯为基础，帮助读者塑造大学生日常行为举止规范，从学生时代开始养成良好的生活情趣、职业态度和职业操守等信息素养和社会责任担当，为日后成为一名有信息伦理与职业行为素养的公民打下扎实的基础。

【任务描述】

本任务的主要内容是体会华为以客户为中心的理念以及华为员工优良的职业操守，学习和践行"大国工匠精神"，要求完成以下任务。

（1）体会华为"以客户为中心"的理念以及华为员工优良的职业操守。

（2）追忆黄大年，传承"大国工匠精神"。

电子活页 6-9　　视频 6-8

"航空母舰"好习惯　　遵守信息伦理与职业
俱乐部　　　　　　　操守

【示例演练】

本任务涉及生活习惯的养成和职业行为自律，在开始任务前，请扫描二维码，查看电子活页中的内容，了解深圳信息职业技术学院软件学院创建的"航空母舰"好习惯俱乐部，体会该社团是怎样帮助大学生养成良好习惯、培养优良的职业态度的。

【任务实现】

1. 体会华为"以客户为中心"的理念以及华为员工优良的职业操守

当有自然灾害发生时，华为员工总会在第一时间冒着危险冲向现场抢修通信网络。不是因为领导的命令，而是因为"以客户为中心"的理念，华为公司本身对抢险救灾形成了制度化的管理规定。在巨大的灾难面前，通信对救援来说是"生命线"，也是寻找亲人、通报灾情最快最便捷的方式，抢修通信网络是灾区各项救灾工作顺利进行的"铺路石"。请查找在地震发生时，华为公司是如何坚守承诺与道义的，并结合信息伦理与职业行为自律知识，探讨如何正确处理和维护信息网络技术时代正当商业核心利益。通过学习华为将"以客户为中心"变成全员行动的案例，探讨遵守优良职业操守，彰显职业操守之美的真正内涵与价值。

2. 追忆黄大年，传承"大国工匠精神"

请观看电影《黄大年》，加强对大国工匠精神楷模的认识和学习，端正自我职业行为态度，并将大国工匠精神真正践行到自己的学习生活中。

视频 6-9

信息伦理与职业行为
自律的基本内涵

6.3.3 知识讲解

1. 信息伦理

（1）信息伦理的基本概念。

信息伦理是指人们在开发、利用、传播和使用信息等系列过程中，需要遵循的社会伦理、道德规范、法律法规、行为规范等，是约束人们在虚拟世界和现实世界的行为规范准则，因此，也称信息伦理为信息道德。

（2）信息伦理的主要要素。

信息伦理涉及多个交叉学科课程教学，包括信息技术、心理学、伦理学、哲学、教育学等。

信息伦理的主要要素如图6-6所示。

图6-6　信息伦理的主要要素

信息伦理认知是了解和掌握信息伦理核心内容的基础。通常来说，信息伦理认知是指人们对信息伦理规范、道德行为举止等范畴体系的认知、意识、记忆、思维等，还包括由此引发的是非、善恶等评价。

信息伦理情感是信息伦理内容中更深一层次对信息伦理的认识和理解。它是指人们在面对信息伦理社会问题的过程中所引发产生的生理反应、内心体验、主观情绪和情感，是对自我或他人信息伦理行为而产生的心理感受。

信息伦理意志是指人们在面对虚拟世界和现实世界空间问题的思维模式，以及由此形成的固定的观念与意志，是人们内心思想体验转化为外部稳定行为过程中所呈现出的持续顽强意志和努力。

信息伦理行动是信息伦理核心内容的关键行为。它是指人们在面对虚拟和现实网络信息技术等社会道德问题时付出的实际行动。

总体来说，在信息伦理认知、情感、意志和行动4个主要要素中，信息伦理认知是基础。信息伦理认知、信息伦理情感、信息伦理意志和信息伦理行动紧密相连，密不可分。由信息伦理认知到行动，是一个逐步整合提高、知行合一、理论内化于实践的螺旋式上升过程。

2. 职业行为自律

（1）职业行为自律的基本概念。

职业行为自律是作为个体自身具备的"行为自律品质"，而这种品质，核心在于行业领域内的职业操守、职业态度和职业道德观等。因此来说，职业行为自律可以理解为是职业道德修养，是道德规范品质，也是个体的自律行为规范。

（2）职业行为自律的主要要素。

根据信息伦理与职业行为自律的概念、特征与意义等，职业行为自律的主要要素可以划分为如图6-7所示的四部分内容。

① 审美与人文修养，培养健康生活情趣之美

健康的生活情趣，是加强信息素养与社会责任的重要内容。培养健康的生活情趣之美，是指在日常工作生活中塑造和建立起规律、有节奏、健康的工作生活习惯。通过在日常工作生活中培养良好的工作生活习惯，才能增加健康生活情趣，提高审美与人文修养，实现"日常生活审美化""审美生活日常化"。

② 大国工匠精神，彰显优良职业态度之美

职业态度彰显一个人的职业素养，是综合素质的体现，也是信息素养与社会责任的另一重要内容。在个人职业生涯中，树立精益求精、精耕细作意识，在现实工作生活中端正良好的职业态度，才能真正培育大国工匠精神和大国风范担当，彰显优良职业态度之美。

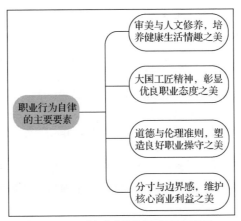

图6-7　职业行为自律的主要要素示意图

③ 道德与伦理准则，塑造良好职业操守之美

遵守良好职业操守是信息素养的重要体现，也是信息素养和社会责任担当的核心内容。良好的职业操守，是个人在社会生活中的道德与伦理准则。我们应遵守职业操守，塑造美好品格和素质，凸显新时代现代公民的信息素养与社会责任担当。

④ 分寸与边界感，维护核心商业利益之美

维护信息技术核心商业利益，是信息伦理与社会责任内容中重要的组成部分。在"信息爆炸"时代，人们更需要有分寸和边界意识，自觉维护公司企业正当核心利益，建立商业保密意识，尤其对于重大商业核心利益的研究成果、研发专利、"卡脖子"关键技术等，更要有效维护其商业利益。

3. 信息法律法规

中国致力于建立和维护信息安全的法律框架，以应对快速发展的数字化时代所带来的挑战。为了保护网络安全、个人隐私和国家利益，中国制定了一系列相关的法律法规，其中包括《中华人民共和国网络安全法》《中华人民共和国刑法》《中华人民共和国保守国家秘密法》《中华人民共和国电信法》和《中华人民共和国个人信息保护法》等。这些法律法规的实施旨在维护网络空间的秩序，促进信息技术的健康发展，并确保人们在数字环境中能够安全、自由地参与。

（1）《中华人民共和国网络安全法》

该法旨在保障网络安全，维护网络空间主权和国家安全、社会公共利益，保护公民、法人和其他组织的合法权益。该法规定了网络运营者的责任和义务，要求网络运营者采取技术措施保障网络安全，及时处置网络攻击和侵入等安全风险，保护信息的安全和隐私。

（2）《中华人民共和国刑法》

刑法是我国的基础性法律，其中包含了一些关于信息安全的罪行和相应的刑罚。

（3）《中华人民共和国保守国家秘密法》

该法规定了国家秘密的范围、密级和保密制度，并规定了违反国家秘密法的法律责任。国家秘密与信息安全密切相关。

（4）《中华人民共和国电信法》

该法规定了电信行业的管理和监督制度，包括电信运营商的管理要求、用户个人信息的保护等方面。它对保护用户的通信隐私和个人信息安全起着重要作用。

（5）《中华人民共和国个人信息保护法》

这是中国首部专门立法保护个人信息的法律。该法规定了个人信息的收集、使用、存储和传输等行为的规范，要求个人信息处理者采取相应措施保障个人信息的安全，明确了个人信息泄露和滥用的法律责任。

以上是我国有关信息安全的一些主要法律法规，这些法律法规旨在保护网络安全、个人隐私和国家安全，促进信息技术的健康发展和合法使用。

4. 隐私保护相关技术

随着互联网技术的飞速发展和大数据时代的来临，个人数据在不经意间就会被一些组织和企业搜集和使用，并通过数据挖掘和机器学习技术从中获得大量有价值的信息。但是当用户数据因为某种利益被非法贩卖，很多犯罪活动就会由此而生。随着信息技术的发展和革新，"科技向善，数据有度""鱼和熊掌兼得"成为可能，数据处理者不但能收获"鱼"（价值挖掘），也能得到预想的"熊掌"（隐私保护）。加解密、同态搜索、数据水印、数据脱敏、隐私计算等都是目前比较热门的技术，这些技术的目标是真正做到"数据可用不可见"。

为了防止数据中隐私信息的泄漏，隐私保护技术首先需要保证具有一定的隐私保护强度，其次还需综合考虑数据可用性与处理开销。区块链技术能够为隐私保护提供可信第三方以及抵抗作弊等支持。

6.4 小结

每个时代的发展，都是每一个平凡的人在平凡的岗位上做出努力奋斗的积累和沉淀。本模块通过信息时代、信息技术发展史、信息伦理与职业行为自律 3 个项目，详细阐述了信息素养、信息伦理和职业行为自律的定义、内涵和主要内容，并通过企业的成功案例，进一步加强我们对信息素养与社会责任的深刻认识和行为内化。

6.5 习题

一、单选题

1. 信息素养的主要要素中，下列哪个要素被视为信息素养的核心？（   ）

    A. 信息意识   B. 信息知识   C. 信息能力   D. 信息道德

2. 主存储器可以分为只读存储器和（   ）。

    A. 只写存储器   B. 只取存储器   C. 随机读取存储器   D. 读写存储器

3. 在 Internet 中，TCP/IP 协议中的 TCP 是负责什么功能的？（   ）

    A. 网际层服务   B. 数据包的传递过程管理

    C. IP 地址的解释和转换   D. 获取互联网访问的服务

4. 世界上第一台计算机是（   ）。

    A. ENIAC   B. 天河一号   C. 银河一号   D. Macintosh

5. 根据计算机所采用的主要电子元器件的不同，一般把计算机的发展分成 4 个阶段，当前处于（   ）。

    A. 电子管时代   B. 集成电路时代

    C. 大规模和超大规模集成电路时代   D. 晶体管时代

6. 下列关于 DNS 服务说法错误的是（   ）。

    A. DNS 是域名解析的缩写

    B. DNS 服务是将域名地址与 IP 地址对应的网络服务

    C. 用户在访问网站时，不再需要输入冗长难记的 IP 地址，只需输入域名地址即可访问

    D. DNS 服务会自动将域名转换成正确的 IP 地址

7. 为了解决核心技术"卡脖子""受制于人"等问题，阿里巴巴集团较早提出"去 IOE"战略，其中的"IOE"不包含下列哪个海外 IT 巨头？（   ）

    A. IBM   B. Intel   C. EMC   D. Oracle

8. 小米 10 周年讲话中提到的"降维攻击"指的是（　　）。

    A. 将软件、硬件和互联网融为一体，采用互联网模式来做手机

    B. 增加手机的硬件配置，使其成为硬件公司中的领先者

    C. 将手机的生产和销售交由三家公司各自负责

    D. 在手机中加入人工智能技术，提供更智能的用户体验

9. 能够为隐私保护提供可信第三方的技术是（　　）。

    A. 数据水印   B. 隐私计算   C. 区块链技术   D. 同态搜索

10. 为了重新审视和反思人工智能在社会中的角色和影响，以确保其发展和应用符合道德和价值观的准则，2021 年 9 月 25 日，国家新一代人工智能治理专业委员会发布了（　　）。

    A.《中华人民共和国网络安全法》   B.《中华人民共和国电信法》

    C.《新一代人工智能发展规划》   D.《新一代人工智能伦理规范》

二、多选题

1. 计算机的基本构成模式包括（　　）和输入、输出设备五大基本部件。

    A. 中央处理器   B. 运算器   C. 控制器   D. 存储器

2. 关于 Internet 地址的描述正确的是（　　）。

    A. IP 地址由网络号和主机号构成

    B. IP 地址采用点分十进制表示方法

    C. 域名地址是使用字符表示的地址

    D. DNS 服务可以将域名地址转换成正确的 IP 地址

3. 以下哪些是隐私保护相关的技术？（　　）

    A. 加解密   B. 数据水印   C. 数据脱敏   D. 隐私计算

4. 内存储器按功能可分为（　　）。

    A. 只读存储器（ROM）   B. 只写存储器

    C. 随机（存取）存储器（RAM）   D. 硬盘

5. 下列关于 IP 地址说法正确的是（　　）。

    A. IP 地址包含 4 个字节

    B. IP 地址包含 4 个二进制位

    C. IP 地址包含 32 个字节

    D. IP 地址包含 32 个二进制位

6. 下列关于 IP 地址和域名地址说法正确的是（　　）。

    A. "192.168.1.18"表示某个网络上某台主机的 IP 地址

    B. "www.baidu.com"表示百度的 IP 地址

    C. "192.168.1.18"表示某个网络上某台主机的域名地址

    D. "www.baidu.com"表示百度的域名地址

7. 下列哪些方法有助于使计算机时刻保持流畅的运行状态？（　　）

    A. 打开所有的开机自启动应用   B. 优化后台任务管理

    C. 经常清理软件缓存文件   D. 定期给计算机除尘

8. 计算机基本组成结构中的运算器能够执行的基本逻辑运算包括（　　）。

    A. 等于   B. 与   C. 或   D. 非

9. 下列属于诺基亚产品的是（　　）。

    A. Here Maps   B. 塞班系统

    C. Windows 系统   D. Windows Phone 系统

10. 结合阿里城市大脑的城市交通治理解决方案，分析下列哪些选项有助于优化交通控制？（　　　）

    A. 设置弹性绿波带

    B. 发挥地图导航的交通调节能力

    C. 信号灯配时优化

    D. 融合多源交通数据，基于大数据挖掘，实现交通流量预测

三、简答题

1. 向"中国天眼之父"南仁东学习"工匠精神"

中国式现代化关键在科技现代化。科技强国的具体落实体现在一线的科研工作者，他们是如何在科技领域磨炼工匠精神的呢？

南仁东是我国重大科技基础设施建设项目——500 米口径球面射电望远镜（FAST）工程首席科学家兼总工程师，被人们称为"中国天眼之父"。他倾其一生精力和心血在国家重大项目 FAST 建设上。从项目的酝酿、选址、论证、立项到建设完成，他都精益求精、精耕细作，从一个"追风少年"到"人民科学家""最美奋斗者"，他把一个简单朴素想法实现成为"国之重器"，把一生都奉献给了祖国。2018 年 10 月，中国科学院国家天文台将一颗国际永久编号小行星命名为"南仁东星"。

针对本案例，结合所学知识内容，请探讨和思考，你是如何理解南仁东身上的大国工匠精神的？我们该如何把这种精神真正践行到具体的日常工作学习生活中呢？

2. 共创美好世界，共享繁荣未来

"当前，世界之变、时代之变、历史之变正以前所未有的方式展开，人类社会面临前所未有的挑战"。过去十年，中国在政治经济、科学技术、互联网、物联网等各个领域均取得举世瞩目的成就。中国致力于与国际社会携手推动构建网络空间命运共同体。

互联网是当今时代最具发展活力的领域，请结合本课程的学习内容，从如何发展好、运用好、治理好互联网，让互联网更好造福人类的角度，联系生活如何在数据领域开展国际交流合作、促进数据跨境安全自由流动、帮助发展中国家提高宽带接入水平、开展未成年人上网安全国际合作等方面进行讨论，并思考如何在日常生活和学习中，为推动构建网络空间命运共同体贡献自己的力量。